新时代分布式光伏发电系统设计与创新发展研究

姚金玲 著

吉林科学技术出版社

图书在版编目（CIP）数据

新时代分布式光伏发电系统设计与创新发展研究 / 姚金玲著. -- 长春 : 吉林科学技术出版社, 2022.4
ISBN 978-7-5578-9306-4

Ⅰ. ①新… Ⅱ. ①姚… Ⅲ. ①太阳能发电－系统设计 Ⅳ. ①TM615

中国版本图书馆CIP数据核字(2022)第072807号

新时代分布式光伏发电系统设计与创新发展研究

著　　姚金玲
出版人　宛　霞
责任编辑　梁丽玲
封面设计　优盛文化
制　　版　优盛文化
幅面尺寸　185mm × 260mm
开　　本　16
字　　数　200 千字
印　　张　11.5
印　　数　1-1500 册
版　　次　2022年4月第1版
印　　次　2022年4月第1次印刷

出　　版　吉林科学技术出版社
发　　行　吉林科学技术出版社
地　　址　长春市南关区福祉大路5788号出版大厦A座
邮　　编　130118
发行部电话/传真　0431-81629529　81629530　81629531
　　　　　81629532　81629533　81629534
储运部电话　0431-86059116
编辑部电话　0431-81629510
印　　刷　廊坊市印艺阁数字科技有限公司

书　　号　ISBN 978-7-5578-9306-4
定　　价　58.00元

前言
preface

近年来，社会经济快速发展，同时能源消耗量也在逐步增加，这在很大程度上引发了能源紧缺的问题。传统能源主要有石油、天然气以及煤炭这三种，而它们的储量将无法满足人类大量的消耗。能源的消耗会造成环境的改变，如产生雾霾等对人体造成负面损害。清洁、绿色、无污染的替代能源成为各国政府大力发展的项目。对光伏发电技术投入大量的研究，有助于未来提高分布式光伏发电系统的可靠性和效率，并极大地解决能源消耗的问题。

分布式光伏发电系统具有独有的特点：

第一，分布式光伏发电电站接近用户，输配电简单，损耗小。屋面电站靠近电力用户，直接就近并网，向负载供电，不需要长距离的高压输电线，输配电损耗小，建设简单而且廉价。

第二，分布式光伏发电系统能够解决联网运行的问题，有提供辅助性服务的能力，可与电网联合运行，互为补充。

第三，分布式光伏发电系统可充当备用和应急电源。当某些分布式电源受自然条件影响而减少甚至不能供电时，储能系统就像备用电源，可临时维持供电。

第四，我国建筑能耗占到30%，分布式光伏发电系统与建筑结合可以有效地削减建筑能耗，从而更有利于企业或用户降低能耗。

本书是一部关于分布式光伏发电系统的作品。书中首先对分布式光伏发电进行了概述；接着介绍了光伏发电系统的设备与部件；然后重点阐述了分布式光伏发电的技术，包括直流母线分布式光伏发电技术、交流母线分布式光伏发电技术、分布式光伏发电系统容量设计以及分布式光伏发电系统的储能后备元件及系统集成；最后对未来能源的发展进行了展望，就分布式光伏发电的发展提出了相应的建议，简单阐释了智慧能源的发展。

本书可供各地电力公司人员参考，也可供高校相关专业的师生阅读。

2021年8月

目录
contents

第1章　分布式光伏发电概述

1.1　新能源与可再生能源的概念及分类

1.1.1　新能源的概念

新能源（new energy，NE）是相对煤炭、石油、天然气等传统能源而言的，一般是指刚开始开发利用或正在积极研究、有待推广的能源，又称非常规能源，即传统能源之外的各种能源形式。1980年，联合国召开的联合国新能源和可再生能源会议对新能源的定义为：以新技术和新材料为基础，使传统的可再生能源得到现代化的开发和利用，用取之不尽、周而复始的可再生能源取代资源有限、对环境有污染的化石能源，重点开发太阳能、风能、生物质能、潮汐能、地热能、氢能和核能（原子能）。

新能源是指在新技术的基础上加以开发利用的可再生能源。伴随着日益突出的环境问题和常规能源的有限性，以环保和可再生为特质的新能源越来越受到人们的重视。随着科技的进步和可持续发展观念的树立，过去被视为垃圾的工业生产、人们生活产生的有机废弃物作为一种能源资源被深入研究和开发利用。也就是说，废弃物的资源化利用是新能源技术的一种形式。

在我国，具有产业规模的新能源主要有太阳能、生物质能、风能、水能（主要指小型水电站）、地热能等，它们都是可循环利用的清洁能源。新能源产业既是整个能源供应系统的有效补充，也是环境治理和生态保护的重要措施，从这个意义上来看，新能源是满足人类社会可持续发展的最终能源选择。

1.1.2　新能源的分类

新能源不同于目前使用的传统能源，它具有丰富的来源，几乎是取之不尽，用之不竭的，并且对环境的污染很小，是一种与生态环境相协调的清洁能源。根据分类方式的不同，新能源可分为以下几种类型，见表 1-1。

表 1-1 能源分类

<table>
<tr><th colspan="2">类 别</th><th>常规能源</th><th>新能源</th></tr>
<tr><td rowspan="2">一次能源</td><td>可再生能源</td><td>水力能、生物质能</td><td>太阳能、海洋能、风能、地热能</td></tr>
<tr><td>非可再生能源</td><td>煤炭、石油、天然气、页岩气、沥青砂、核裂变燃料</td><td>核聚变能量</td></tr>
<tr><td colspan="2">二次能源</td><td colspan="2">煤炭制品、石油制品、发酵酒精、沼气、氢能电力、激光、等离子体</td></tr>
</table>

1.1.2.1 按能源的形成和来源分类

（1）来自太阳辐射的能量，如太阳能、煤炭、石油、天然气、水能、风能、生物质能等。

（2）来自地球内部的能量，如核能、地热能。

（3）天体引力能，如潮汐能。

1.1.2.2 按开发利用状况分类

（1）常规能源，如煤炭、石油、天然气、水能、生物质能等。

（2）新能源，如核能、地热能、海洋能、太阳能、沼气、风能等。

1.1.2.3 按属性分类

（1）可再生能源，如太阳能、地热能、水能、风能、生物质能、海洋能等。

（2）非可再生能源，如煤炭、石油、天然气、核能、页岩气、沥青砂等。

1.1.2.4 按转换传递过程分类

（1）一次能源，指直接来自自然界的能源，如煤炭、石油、天然气、水能、风能、核能、海洋能、生物质能等。

（2）二次能源，如沼气、汽油、柴油、焦炭、煤气、蒸汽、火电、水电、核电、太阳能发电、潮汐发电、波浪发电等。

1.1.3 可再生能源的概念

可再生能源是指可以再生的能源总称，包括生物质能、太阳能、光能、沼气等。生物质是指利用大气、水、土地等通过光合作用而产生的各种有机体，即一切有生命的、可以生长的有机物质通称为生物质，包括植物、动物和微生物。严格来说，可再生能源是人类历史时期内都不会耗尽的能源。可再生能源不包含现时有限的能源，如化石燃料和核能。

1.1.4　可再生能源的种类

1.1.4.1　木材

柴是最早使用的能源，它通过燃烧成为加热的能源。烧柴在煮食和提供热力方面很重要，它让人们在寒冷的环境中仍可生存。

1.1.4.2　动物牵动

传统的农家动物（如牛、马和骡）除了会运输货物之外，还可以拉磨、推动一些机械以产生能源。

1.1.4.3　生物质燃料

生物质燃料原为可再生能源，如果产出与消耗平衡则不会增加二氧化碳。但如果消耗过量而毁林与耗尽可返还土壤的有机物，就会破坏产耗平衡。用生物质在沼气池中产生沼气供炊事照明用，其残渣还是良好的有机肥；用生物质制造的乙醇、甲醇可用作汽车燃料。

1.1.4.4　水力

磨坊就是采用水力的好例子。而水力发电更是现代的重要能源，中国有很长的海岸线，也很适合用来作潮汐发电。

1.1.4.5　风力

风力指地球表面大量空气流动所产生的动能，是一种清洁、安全、可再生的绿色能源。据估计，全世界的风能总量为 1 300 亿千瓦，中国的风能总量约 16 亿千瓦。人类已经使用风力几百年了。

1.1.4.6　太阳能

太阳以太阳光线的形式向地球辐射热能，即太阳能。人类对于太阳能的利用可以追溯到远古时期，如利用阳光烘干衣物、制作盐或制作咸鱼等。而如今，随着能源的枯竭，太阳能早已成为人类的重要能量来源。太阳内部的氢原子在发生核聚变反应的同时能释放出巨大的能量，这也是太阳能的产生原理。太阳能是地球上一切能量的基本来源。植物的光合作用能将太阳能转化为化学能储存在植物体内；而煤炭、石油、天然气等化石燃料也是由远古生物的遗体演变而成的。

1.1.4.7 潮汐能

潮汐是一种世界性的海平面周期性变化的现象，由于受月亮和太阳这两个万有引力源的作用，海平面每昼夜有两次涨落。潮汐电站利用潮水涨落时产生的潮汐能来发电，目前，世界上已建成并运行发电的潮汐发电站总装机容量为160 266万千瓦。

1.2 分布式光伏发电系统概述

1.2.1 分布式电源

分布式电源这个概念是1978年由美国《公共事业管理法》(PURRA)公布的，之后被广泛应用。由于各国政策不同，不同国家甚至是同一国家的不同地区对分布式电源的理解和定义都不尽相同，到目前为止，分布式电源并没有一个统一的、严格的定义。关于分布式电源的最大容量、接入方式、电压等级、电源性质等相关界定标准，国际上还没有通用的权威定义。

国际能源署（International Energy Agency，IEA）对分布式电源的定义为：服务于当地用户或当地电网的发电站，包括内燃机、小型或微型燃气轮机、燃料电池和光伏发电系统，以及能进行能量控制及需求侧管理的能源综合利用系统。美国电气和电子工程师协会（Institute of Electrical and Electronics Engineers，IEEE）对分布式电源的定义为：接入当地配电网的发电设备或储能装置。德国对分布式电源的定义为：位于用户附近、接入中低压配电网的电源，主要为光伏发电和风电。

综合发达国家、行业组织界定标准和我国电网特点，分布式电源一般可定义为：利用分散式资源，装机规模小，位于用户附近，接入10（35）kV及以下电压等级的可再生能源，实现资源综合利用和能量梯级利用的多联供发电设施，并且可独立输出电能，这些电源为电力部门、电力用户或第三方机构所有，用以满足电力系统和用户特定的需求。

根据《江苏省电力公司分布式电源并网服务管理实施细则（修订版）》（苏电营〔2014〕365号）文件，有以下两种类型的分布式电源（不含小水电）：

（1）10 kV及以下电压等级接入，且单个并网点总装机容量不超过6 MW的分布式电源。

（2）35 kV电压等级接入，年自发自用电量比例大于50%的分布式电源；

或 10 kV 电压等级接入，且单个并网点总装机容量超过 6 MW，年自发自用电量比例大于 50% 的分布式电源。

在以上“苏电营”定义中，自发用电量比例两种计算方法：

近年来，分布式电源得到越来越广泛的应用，对其研究也越来越广泛。国内外对分布式电源的研究报告有很多，这些报告总结了分布式电源的特点和评价准则，具体包括以下四个方面：

（1）经济适应性好。规模不大，装置容量小，占地面积小，初始投资少，降低了远距离输送损失和相应的输配系统投资，可以满足特殊场合的需求。分布式电源按需就近设置，尽可能与用户配合，它与集中式发电相比，没有远距离输电引起的输配损失，节省输配系统投资，为终端用户提供灵活、节能、经济的送电服务。对不适宜铺设电网的西部偏远地区，分散的用户可利用余压、余热、可燃性废气发电。发展分布式发电具有非常重要的意义。

（2）提高用户供电可靠性，弥补大电网在安全性、稳定性方面的不足。近几年世界范围内发生的几次大停电事故，如 2011 年日本“3·11”大地震引起核电站相继关停，造成了重大的经济损失，反映了以集中供电模式为主的供电系统并不完全可靠。在用户近旁安装分布式电源，与大电网配合发电，遇到电网崩溃或发生意外灾害（如地震、暴风雪、人为破坏、战争）时，仍可维持重要用户供电，大大提高了供电的可靠性。

（3）能源利用效率高，具有非常好的节能效应。常规集中供电方式相对单一，仅通过供电难以满足能量的梯级利用，如供热、供冷等。分布式电源规模小、灵活性强，通过不同循环的有机整合，可实现在满足用户需求的同时，克服冷、热无法远距离输送的困难，实现能量的梯级利用，大大提高了发电厂的发电效率。

（4）保护环境，为可再生能源利用开辟了新方向。分布式电源一般采用清洁燃料做能源，以其高效率提高环保效益。按照美国能源部“CCHP2020 纲领”的描述，部分新建筑采用冷、热、电三联产后，美国二氧化碳量可以减少排放 19%。相对于化石能源，可再生能源能量密度较低、分散，且目前利用规模小，能源利用率低，无法实施集中供电手段，因此，分布式电源适合与可再生能源相结合。

1.2.2 分布式电源（光伏发电）系统

在全球气候变暖及化石能源日益枯竭的大背景下，可再生能源开发利用日益受到国际社会的重视，大力发展可再生能源已成为世界各国的共识。《巴黎协定》于2016年11月4日生效，凸显了世界各国发展可再生能源产业的决心。在国内方面，中国始终坚持创新、协调、绿色、开放、共享的发展理念，将大力推进绿色低碳循环发展，采取有力行动应对气候变化，将于2030年左右使二氧化碳排放达到峰值并争取尽早实现，2030年中国单位国内生产总值二氧化碳排放将比2005年下降60%～65%，非化石能源占一次能源消费比重将达到25%左右。

为实现上述目标，发展可再生能源势在必行。在各种可再生能源中，太阳能以其清洁、安全及取之不尽，用之不竭等显著优势，已成为发展最快的可再生能源。开发利用太阳能对调整能源结构、推进能源生产和消费、促进生态文明建设均具有重要意义。

我国地处北半球，大部分地区位于北纬45°以南，全国有2/3的国土面积日照小时数在2 000 h以上。其中，西藏、青海、新疆、甘肃、宁夏、内蒙古等均为太阳能资源丰富地区。除四川盆地、贵州省太阳能资源稍差以外，我国东部、南部及北部等地区也都是太阳能资源较丰富地区。根据全年日照小时数和辐射量情况，全国太阳能资源可分为五类，具体分类见表1-2。

表1-2 全国太阳能资源分类表

分　类	全年日照时数/h	全年辐射量/$MJ \cdot m^{-2}$	主要地区
一类	3 200～3 300	6 700～8 370	青藏高原、甘肃、宁夏和新疆等
二类	3 000～3 200	5 860～6 700	河北西北部、山西北部、内蒙古南部等
三类	2 200～3 000	5 020～5 860	广东、福建、江苏北部和安徽北部等
四类	1 400～2 200	4 190～5 020	长江中下游、福建、浙江和广东部分
五类	1 000～1 400	3 350～4 190	四川、贵州

目前太阳能利用的方式有分布式电源（光伏发电）、太阳能热利用、太阳能动力利用、太阳能光化学利用、太阳能生物利用和太阳能光利用。近年来，太阳能光伏发电以其优异的特性在全世界范围内得到了快速发展，被认为是当前世界上最具发展前景的新能源技术，发达国家竞相投入巨资进行研究开发，并积极推进产业化过程，大力开拓太阳能光伏发电的市场。

1.2.2.1　分布式电源（光伏发电）系统的工作原理

分布式电源（光伏发电）系统是指利用光伏组件和其他辅助设备将太阳能转换成电能的系统，由光伏组件、蓄电池、充放电控制器、逆变器等组成。

白天，在光照条件下，太阳能电池组件产生一定的电动势，通过组件的串、并联形成太阳能电池方阵，使得方阵电压达到系统输入电压的要求，再通过充放电控制器对蓄电池进行充电，将由光能转换而来的电能储存起来；晚上，蓄电池组为逆变器提供输入电，通过逆变器将直流电转换成交流电，输送到配电柜，进行供电。蓄电池组的放电也由控制器控制，保证蓄电池的正常使用。太阳能光伏发电系统原理图如图 1–1 所示。分布式电源系统还有限荷保护和接地保护装置，保护系统设备的过负载运行及免遭雷击，维护系统设备的安全使用。

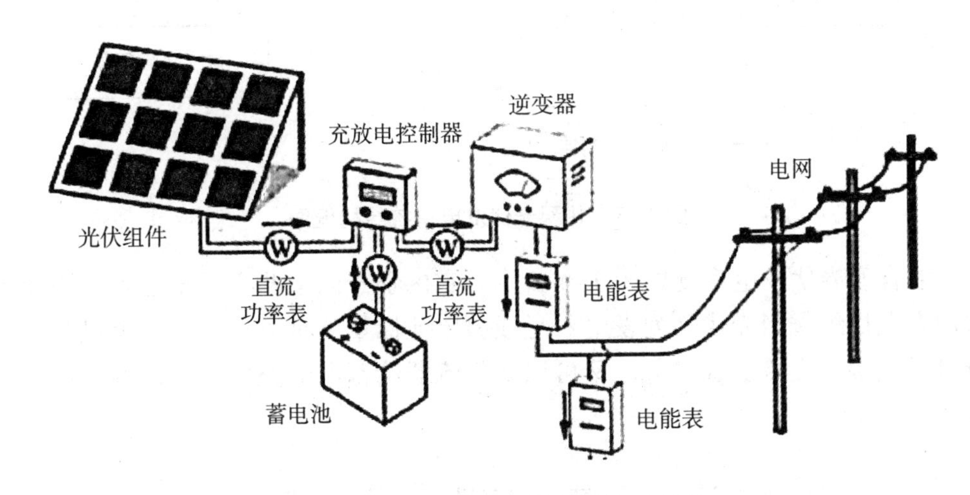

图 1–1　太阳能光伏发电系统原理图

1.2.2.2　分布式电源（光伏发电）系统的分类

（1）按供电方式分类。按供电方式分类，分布式电源（光伏发电）系统大致可以分为独立运行的光伏发电系统、并网光伏发电系统和混合型光伏发电系统三大类。

典型的独立运行的光伏发电系统，利用蓄电池和太阳能电池构成独立的供电系统向负载提供电能，如图 1–2 所示。当太阳能电池输出电能不能满足负载要求时，由蓄电池来进行补充；当其输出的功率超出负载需求时，就会将电能储存在蓄电池中。

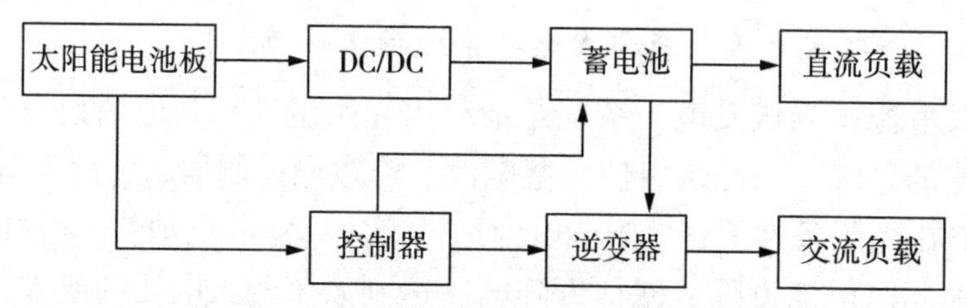

图 1-2　独立运行的光伏发电系统结构框图

一般的并网光伏发电系统如图 1-3 所示，将太阳能电池控制系统和民用电网并联，当太阳能电池输出电能不能满足负载要求时，由电网来进行补充；当其输出的功率超出负载需求时，则将电能输送到电网中。

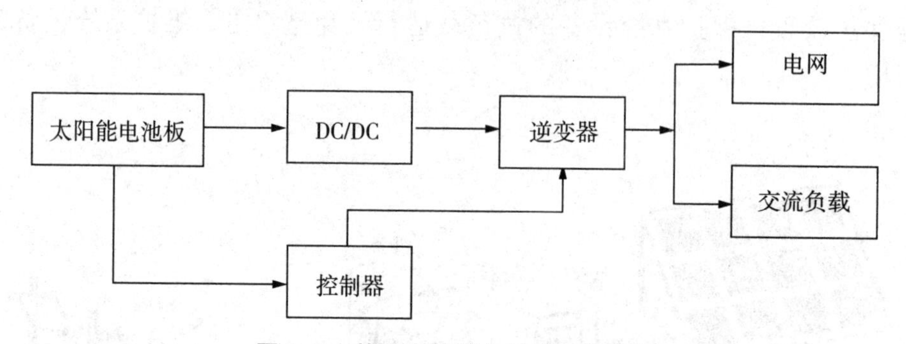

图 1-3　并网光伏发电系统结构框图

混合型光伏发电系统如图 1-4 所示。它区别于以上两个系统之处是增加了备用发电机组。当光伏阵列发电不足或蓄电池储量不足时，启动发电机组，它既可以直接给交流负载供电，又可以经整流器给蓄电池充电，所以称为混合型光伏发电系统。

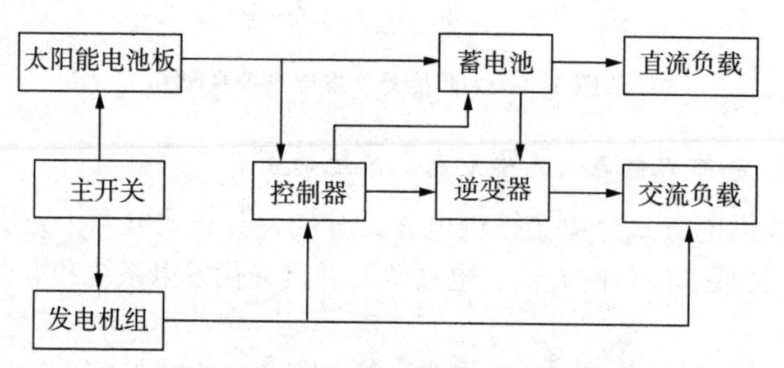

图 1-4　混合型光伏发电系统结构框图

受昼夜和四季的更替以及天气变化等因素的影响，光伏发电存在发电量不稳定的缺陷，所以独立运行的光伏发电系统往往需要采用较大容量的蓄电池作为储能元件来平衡供电。在系统中增加蓄电池后会带来维护费用增加、系统体积增大和环境污染等问题。并网光伏发电系统可以很好地解决这些问题。随着光伏发电产业由边远农村地区逐步向城市并网光伏发电和光伏建筑方向快速迈进，未来，并网光伏发电将是光伏发电的主流趋势。

分布式光伏发电系统，即户用型并网光伏发电系统，可与建筑物结合形成屋顶光伏系统，通过设计，可以降低建筑造价和光伏发电系统的造价。在分布式并网光伏发电系统中，白天不用的电量可以通过逆变器存储起来，再将这些电能出售给当地的公用电力网；夜晚需要用电时，再从电力网中购回。典型的户用型分布式光伏发电系统如图 1–5 所示。

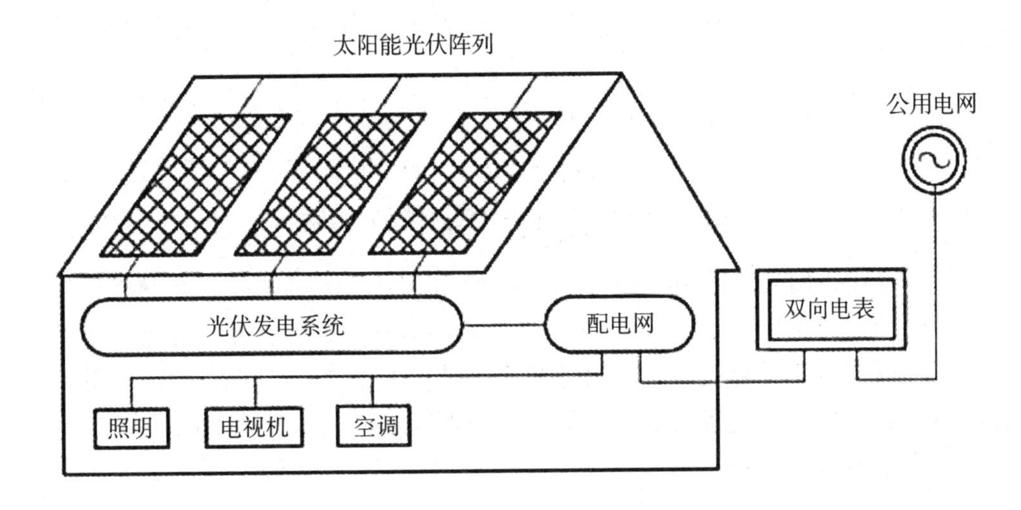

图 1–5　典型的户用型分布式并网光伏发电系统

由此可见，如果分布式光伏发电系统能够普遍地应用到用户家中，不仅可以充分利用太阳能资源分布广泛的特点，还可以达到改善电网质量，加强电网的调峰能力、抗灾害能力等目的。目前，对于分布式光伏发电系统的研究，一方面是对太阳能电池的研究，使电池每发出一瓦（W）电的造价降低至可以实用的阶段；另一方面是针对并网光伏发电系统的逆变系统的研究，如提高系统的效率和稳定性、提升太阳能电池最大功率点的控制、增强系统对电网的调峰作用等。

（2）按系统功能分类。按系统功能分类，分布式电源（光伏发电）系统可分为不含蓄电池环节的不可调度式并网光伏发电系统和含有蓄电池组的可调度式并网光伏发电系统。

不可调度式并网光伏发电系统如图 1–6 所示。并网逆变器将光伏阵列产生的直流电能转化为与电网电压同频、同相的交流电能，当主电网断电时，系统自动停止向电网供电。白天，当光伏发电系统产生的交流电能超过本地负载所需时，超过部分馈送给电网；其他时间，特别是夜间，当本地负载大于光伏发电系统产生的交流电能时，电网自动向负载补充电能。

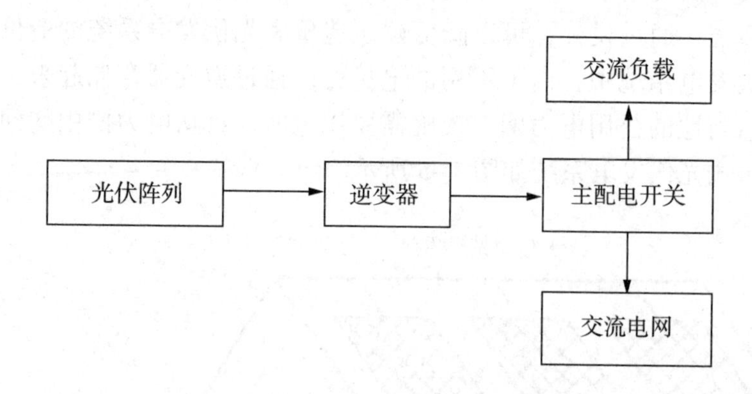

图 1-6　不可调度式并网光伏发电系统

可调度式并网光伏发电系统如图 1-7 所示。它和不可调度式并网光伏发电系统相比最大的不同之处是系统中配有储能环节——蓄电池组。蓄电池组的容量大小可以按具体需要配置，实现不间断供电（UPS），作为电网终端的有源功率调节器，可以抵消高次谐波分量，提高电能质量，改善电网的运行质量。

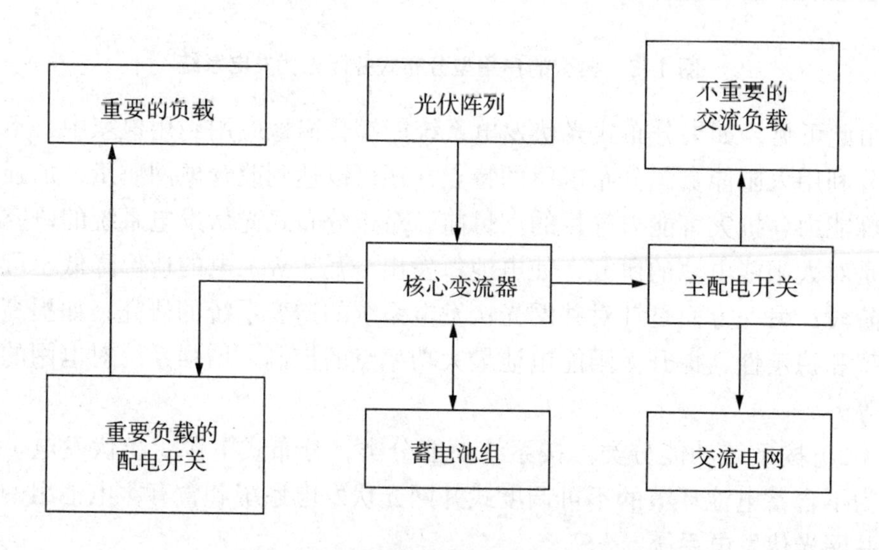

图 1-7　可调度式并网光伏发电系统

然而，蓄电池组寿命短、成本高、体积大等缺点使可调度式并网光伏发电系统的应用规模远小于不可调度式光伏并网发电系统。

1.2.3　分布式电源（光伏发电）系统的特点

分布式电源（光伏发电）系统的特点决定了在应用中有其独有的优势和相关的制约。

（1）太阳能光伏发电系统的优点：

①安全可靠。

②无噪声、无污染。

③阳光随处可得，不受地域限制。

④不消耗资源。

⑤不需要架设远距离输电线路。

⑥安装简单、方便，建设周期短。

⑦分散建设，就地发电。

⑧便于分步实施。

（2）光伏发电系统的缺点：

①受时间周期、地理位置、气象条件的限制。

②光能转换效率偏低。

③初期投资大。

1.3　中国发展分布式光伏发电的意义

1.3.1　能源结构现状要求中国发展分布式光伏发电

面对日益严重的环境污染问题，我国新一届政府发出了历史最强音："要像对贫困宣战一样坚决向污染宣战。"调整能源结构、大力发展清洁能源，无疑是解决环境污染问题的重要举措之一。太阳能是一种理想的可再生能源，据测算，1 年内到达地球表面的太阳能总量是目前世界已探明能源储量的 10 000 多倍。中国荒漠面积 108 万平方千米，主要分布在光照资源丰富的西北地区。1 平方千米可安装 100 兆瓦光伏阵列，每年可发电 1.5 亿千瓦时。全国国土面积 2/3 以上的地区，每年的日照量都在 2 000 小时以上，海南更是超过了 2 400 小时，仅陆地每年接收的太阳能就约等于几万个三峡工程发电量的总和。中国具备了广泛应用光伏发电技术的地理条件。

1.3.2 应用分布式光伏发电意义深远

分布式光伏发电是指在用户所在地附近，利用太阳能发电，不以大规模、远距离输送电力为目的，所生产的电力以用户自用、余量上网为主要消纳方式的发电系统。我国能源结构的特点是以煤炭为主，多年来重点依靠煤炭，火电占国内电力装机总量的 70% 以上。在电网的可消纳范围内，增加新能源发电比例，减少燃煤发电比例，有利于环保及可持续发展，具有深远的现实意义。

1.4 分布式光伏发电新技术的应用

1.4.1 适应光伏发电的电力电子变换器

目前常用的并网光伏逆变器大多采用 DC–DC–AC 的双级结构。这是因为光伏阵列提供的直流电压普遍低于要求的交流输出电压，而 DC–AC 变换电路中，应用最广泛的全桥逆变器和半桥逆变器均属于 Buck 型，瞬时输出电压总低于输入电压，只能实现降压变换。为此，一般在桥式逆变电路前增加一级可升压变换的 DC–DC 变换器，将输入直流电压升高。并且，由于光伏阵列的直流电压峰值比交流电压峰值低很多，DC–DC 变换器应具有高的电压增益。可以用有高频隔离的间接 DC–DC 变换器达到上述要求，同时可以满足电气隔离要求。当然，也可以在桥式逆变电路后增加工频升压变压器，在提供电气隔离的同时，提高电压等级。双级结构的并网光伏逆变器虽然能够灵活地适应各种输入输出电压指标，还具有更高的自由度等级（有更多的可控变量），可同时实现多种功能（如电气隔离、最大功率点跟踪、无功功率补偿、有源滤波等），但功率级的数量增多，将降低整体的效率、可靠性和简洁程度，增加系统开销。目前，逆变器研究的一大发展趋势是直接将多功率级的系统架构整合为单级系统，即所谓单级逆变器。

储能元件是光伏发电系统重要的组成部分。因此，针对各种储能元件的特点，找到合适的电力电子变换器结构，也是光伏发电中重要的研究热点。

研究适应光伏发电的电力电子变换器的重点是使光伏发电系统在整个工作范围内均能实现高效率、高功率密度和高可靠性的运行。

1.4.2 网络拓扑结构及其优化配置

包括太阳能在内的可再生能源的能量密度低、随机性强，所以由其构成的分布式光伏发电系统的网络拓扑结构与传统的集中式光伏发电系统的网络拓扑结构有着显著的区别。此时，应根据对当地可再生能源的分布预测、随机性与可用性评估和负荷水平评估，提出基于可再生能源的分布式光伏发电系统的网络拓扑；研究分布式光伏发电系统中母线电压的形式（交流或直流）、大小、频率（对于交流形式）等物理量的选择方法；提出该分布式光伏发电系统对太阳能光伏发电单元、风力发电单元、多元复合储能单元（含飞轮、超级电容和蓄电池）的容量配置方法，以降低系统成本；研究分布式光伏发电系统中各种电力电子变换器的配置及其输入输出电压、功率等级的选择。

1.4.3 分布式发电系统并网控制

由于分布式光伏发电系统具有多能量来源、多变流器（主要是逆变器）并网的特点，因此必须对其并网控制进行研究。这方面包括针对具有多能源、多并网逆变器的分布式光伏发电系统，研究其并网运行时相互耦合影响的机理和并网协调控制问题；研究独立运行时多个逆变器的电压和频率的协调控制，以实现动态负荷和稳态负荷的合理分配；研究合适的并网、独立控制模式和协调一致的切换控制策略；研究柔性并网、暂态过程以及分布式光伏发电系统对电网或本地负载的冲击影响等问题；针对具有多能源、多并网逆变器的分布式发电系统的特点，开展适合并网逆变器的无盲区孤岛检测方法和防伪孤岛技术研究。

1.4.4 分布式光伏发电系统的能量管理

针对分布式能源（DR）的随机性、分布式发电单元的投切、负载变化、敏感负载对供电可靠性和电能质量的高要求、分布式光伏发电系统附近配电线路拥塞、分布式光伏发电系统与电网之间的供购电计划等问题，应研究分布式光伏发电系统各种运行方式下分布式发电单元、储能单元与负载之间的能量优化，满足经济运行的要求；针对分布式光伏发电系统并网和故障解列时的能量变化，应研究分布式光伏发电系统运行方式变化时的能量调度策略，满足分布式光伏发电系统运行方式切换的要求。

1.4.5 分布式光伏发电系统的安全性和可靠性问题

分布式光伏发电系统的相关并网规范对各发电单元的端口特性提出了具体的要求。为此，需要分析分布式光伏发电系统的稳态及动态特性，包括不同分布式发电单元以及分布式发电系统并网端口特性。其中稳态情况下主要包括有功功率、无功功率、电压、频率和谐波等特性。不仅要考虑到分布式光伏发电高度随机性，还要研究这些特性随时间变化的规律。具体到分布式光伏发电系统，目前遇到的安全性和可靠性问题包含以下几个方面：并网逆变器的直流分量注入问题、并网光伏单元的对地漏电问题和孤岛及其检测技术问题。

1.5　分布式电源产业的相关政策

1.5.1　配额制政策

配额制是指国家或地区的政府用法律的形式对可再生能源发电的市场份额做出的强制性规定，在总电力中必须有规定比例的电力来自可再生能源。

配额指标的承担主体主要有发电企业和供电企业。

可再生能源配额制与其他政策的关系如下：

（1）与上网电价政策的关系。从二者的关系来看，由于固定电价和配额制都是为可再生能源发电提供补贴，为了避免由双重补贴导致的过度补贴，通常情况下固定电价与配额制在同一个国家或地区不会同时存在。

（2）与电力市场机制的关系。可再生能源配额制是政府运用市场机制实现强制性目标的一种手段，通过可再生能源证书及其市场交易实现，目前还没有不含证书交易的配额制案例。

（3）与全额保障性收购制度的关系。从美国、德国、西班牙、丹麦等当前世界可再生能源发展大国政策实践来看，均不存在对可再生能源实行“全额保障性收购”的规定，而是采用“优先上网”“优先收购”等提法。

1.5.2　初始投资补贴政策

初始投资补贴政策主要是指在项目建设前期给予一定比例的投资补贴。

初始投资补贴政策导致后期监管难度大，增加了管理成本。

（1）部分企业仅为了获得大量财政补贴，以金太阳名义申报项目工程，在获得政府补贴后就不再管理；没有积极加强电站管理，降低了单位装机容量的发电量，造成投资补贴的利用效率降低。

（2）光伏发电量无人监管、完工后的项目质量缺乏监管、建成后甚至随即拆卖也无从得知等问题造成社会资源的大量浪费。国家每年需要耗费大量的人力、物力，委托相关专业机构对示范项目的建设和运行情况进行检查和审核，项目管理成本较高。

1.5.3　接网费政策

国内：接入配电网电源由发电企业（个人）经与电网企业协商确定接入系统工程投资主体。国家对接入系统工程给予每千瓦时 1 ～ 3 分的补贴。

国外：国外分布式电源接网收费主要包括深收费、浅收费、混合收费三种机制。其中，深收费是指用户支付接入系统工程及配套电网改造费；浅收费是指用户仅支付接入系统工程费；混合收费是指用户支付接入系统工程及部分配套电网改造费。欧盟 15 个国家均要求接入系统工程费用由用户支付，其中有 8 个国家采用深收费机制，4 个国家采用浅收费机制，3 个国家采用混合收费机制。

1.5.4　系统备用容量费政策

国内：尚无专门针对用户侧分布式电源的系统备用服务收费政策。国家发改委、国家电力监管委员会、国家能源局发布的《关于规范电能交易价格管理等有关问题的通知》（发改价格〔2009〕2474 号）规定，“拥有自备电厂并与公用电网连接的企业，应按规定支付系统备用费”，但执行效果不佳。

国外：大多数国家都对分布式电源光伏发电收取系统备用费。例如，美国规定，20 kW 以上的个人用户、100 kW 以上的企业用户分布式电源应向电网企业缴纳备用费。德国规定，分布式电源需缴纳系统备用费，由可再生能源基金补贴电网企业。

1.5.5　“双碳”目标驱动下的“先立后破”政策

“先立后破”政策就减碳和发展的关系而言，意味着“发展”仍是优先目标，即不能因为要减碳而牺牲发展的空间。当然，这也不能理解为抢在碳达到顶峰之前，继续扩大“两高”产业的产能，而是维持存量水平。中央生态环境保护督察发现一些地方还存在盲目上马“两高”项目的冲动，有“大上、快上、抢上、乱上”的势头，必须坚决遏制。同时，“先立后破”政策意味着对于新兴产业予以大力发展，争取实现替代效应。但新能源领域的规模效应和替代效应形成之前，需要保有现有的存量传统能源。有机构估计，要做到零排放，到 2060 年需达到 85% 的清洁能源。国内水电潜能已经开发得差不多了；核电站同样受到各方面条件限制，增量有限，因此更多的仍然需要新能源来补充实现。

安永的报告预计，在发展新能源装机方面，预计到2030年中国电源装机总量将增至38亿千瓦，清洁能源装机占比将达68%。未来10年清洁能源装机将增加约16亿千瓦，2020—2030年的年复合增长率将达10.5%，这方面需要大量的投入才能实现。而高成本的新能源投入意味着整个社会经济发展成本的提高。

目前全国性的碳交易市场已经建立，相关的发电企业被纳入其中。这被看作减碳发展机制的初步建立，未来仍需要不断完善。不久前，周小川曾表示，无论是碳关税，还是碳排放权的交易，实际上都意味着经济活动需要为绿色发展付出额外的成本。这个成本不仅仅是绿色发展需要投入的成本，更是整个经济、社会发展需要承担的成本。这个成本过低，则使经济主体没有进行“减排”的动力，也就难以实现“30·60”碳目标。而绿色成本过高，则意味着企业或居民需要付出更大的代价，不仅无法从绿色发展中获益，而且自身的经济和社会利益会受到损害。从这个角度来看，实现新能源领域的发展和突破，是存量传统能源领域转型和改革的前提和基础。

就整个绿色发展的战略规划而言，实现“双碳”目标，既是发展的机遇，可带来新经济的增量，也是一大挑战，实现平稳的“转轨”仍具有相当大的难度和困难。这要考虑转型过程对中国产业、金融领域的各种直接或间接的影响，以及整个宏观经济的整体性、系统性的影响。“先立后破”政策意味着需要稳住存量，并在此基础上寻求增量的突破和替代。

1.5.6　屋顶分布式光伏开发政策

国家能源局发布的《太阳能发展“十三五”规划》（国能新能〔2016〕354号）（以下简称《规划》）提出，大力推进屋顶分布式光伏发电，继续开展分布式光伏发电应用示范区建设。

近年来，在环保问题日益凸显、对清洁能源需求加大的情况下，作为兼顾经济与环保效益、具有广阔发展前景的发电和能源综合利用方式，分布式光伏发电特别是屋顶分布式光伏发电具有就近发电、就近并网、就近转换、就近适应等优势，在光伏产业中扮演着越来越重要的角色，越来越受到国家重视。因此，国家出台了一系列政策促进其发展。

“我国屋顶分布式光伏发电发展前景可期。”国家可再生能源产业技术创新战略联盟理事长张平表示，在《规划》的推动下，屋顶分布式光伏发电将成为分布式光伏发电的主要应用形式，是未来光伏产业发展的主流方向。

中国可再生能源学会副理事长孟宪淦表示，《规划》为我国屋顶分布式光伏发电的发展指明了方向，会吸引更多的社会资本、光伏企业以及个人参与屋顶分布式光伏发电项目建设。

事实上，为支持屋顶分布式光伏发电的发展，国家相继出台了相关政策。其中，国务院出台的《关于促进光伏产业健康发展的若干意见》（国发〔2013〕24 号）提出，大力开拓分布式光伏发电市场，鼓励各类电力用户按照“自发自用，余量上网，电网调节”的方式建设分布式光伏发电系统；优先支持在用电价格较高的工商业企业、工业园区建设规模化的分布式光伏发电系统；支持在学校、医院、党政机关、事业单位、居民社区建筑和构筑物等场所推广小型分布式光伏发电系统。业内专家表示，政策利好于屋顶分布式光伏发电的发展。

分布式光伏发电可有效解决光伏发电消纳问题，优化能源结构，是我国未来清洁能源的发展方向。屋顶分布式光伏发电是分布式光伏发电的主要发展模式，在国家一系列政策的支持以及地方政府的大力推动下，已经取得了不错的成绩，如浙江嘉兴光伏小镇。此外，一些地方也在大力发展屋顶分布式光伏发电项目。

第 2 章　光伏发电系统的设备与部件

2.1　光伏组件

光伏组件，也叫太阳能电池板，是太阳能发电系统的核心部分，也是太阳能发电系统中最重要的部分。其作用是将太阳能转化为电能，或送到蓄电池中存储起来，或推动负载工作。光伏组件的质量和成本将直接决定整个系统的质量和成本。

组成结构：光伏组件由太阳能电池片（整片的两种规格为 125 mm × 125 mm、156 mm × 156 mm）或由激光机切割开的不同规格的太阳能电池组合在一起构成。由于单片太阳能电池片的电流和电压都很小，我们把它们先串联获得高电压，再并联获得高电流，然后通过一个发光二极管（防止电流回输）输出，并且把它们封装在一个不锈钢金属体壳上，安装好上面的玻璃，充入氮气，最后密封。这个整体称为组件，也就是光伏组件或说是太阳能电池组件。

制作流程：经电池片分选—单焊接—串焊接—拼接（将串焊好的电池片定位，拼接在一起）—中间测试（中间测试分红外线测试和外观检查）—层压—削边—层后外观—层后红外—装框（一般为铝边框）—装接线盒—清洗—测试（此环节也分红外线测试和外观检查判定该组件的等级）—包装。

组件的生产工艺流程如下。

第一步，单片焊接：将电池片焊接成互联条（涂锡铜带），为电池片的串联做准备；

第二步，串联焊接：将电池片按照一定数量进行串联；

第三步，叠层：将电池串继续进行电路连接，同时用玻璃、EVA 胶膜、TPT 背板将电池片保护起来；

第四步，层压：将电池片和玻璃、EVA 胶膜、TPT 背板在一定的温度、压力和真空条件下黏结融合在一起；

第五步，装框：用铝边框保护玻璃，同时便于安装；

第六步，清洗：保证组件干净整洁；

第七步，电性能测试：测试组件的绝缘性能和发电功率；

第八步，包装入库。

光伏组件分类：

（1）单晶硅光伏组件。单晶硅光伏组件光电转换效率为 15% 左右，最高达到 24%，这是目前所有种类的太阳能电池中光电转换效率最高的，但制作成本很高，以至于它还不能被大量广泛和普遍使用。由于单晶硅一般采用钢化玻璃以及防水树脂进行封装，因此其坚固耐用，使用寿命一般可达 15 年，最高可达 25 年。

（2）多晶硅光伏组件。多晶硅光伏组件的制作工艺与单晶硅太阳能电池差不多，但是多晶硅光伏组件的光电转换效率则要降低不少，其光电转换效率约 12%；从制作成本方面来讲，比单晶硅光伏组件要低一些，材料制造简便，节约电耗，总的生产成本较低，因此得到大力发展。此外，多晶硅光伏组件还略好。

（3）非晶硅光伏组件。非晶硅光伏组件是 1976 年出现的新型薄膜式太阳能电池，它与单晶硅光伏组件和多晶硅光伏组件的制作方法完全不同，但工艺过程大大简化，硅材料消耗很少，电耗更低，其主要优点是在弱光条件下也能发电。但非晶硅光伏组件存在的主要问题是光电转换效率偏低，目前国际先进水平为 10% 左右，且不够稳定，随着时间的延长，其转换效率衰减。

（4）多元化合物光伏组件。多元化合物光伏组件指不是用单一元素半导体材料制成的太阳能电池。现在各国研究的品种繁多，大多为实验室产品，尚未工业化生产，主要有以下几种：

①硫化镉太阳能电池；

②砷化镓太阳能电池；

③铜铟硒太阳能电池，即新型多元带隙梯度 $Cu(In, Ga)Se_2$ 薄膜太阳能电池。

2.2　光伏控制器

一个完备的独立光伏发电系统，如果有蓄电池，光伏充放电控制器是不可缺少的。蓄电池，尤其是铅酸蓄电池，在使用时频繁地过充电和过放电，都会影响蓄电池的使用寿命，而蓄电池组的使用寿命长短对太阳能光伏发电系统的寿命影响很大，延长蓄电池组的使用寿命关键在于对其充放电条件加以控制。光伏发电系统采用一套控制系统对蓄电池组的充放电进行控制，使蓄电池组达到最佳状态，以延长蓄电池的使用寿命，这套系统称为充放电控制器。光伏充放电控制器通过监测蓄电池的状态，对蓄电池的充电电压、电流加以规定和控制，并按照需求控制光伏电池和蓄电池对负载电能的输出，是整个光伏系统的核心部分，它的控制性能直接影响蓄电池使用寿命和系统效率。

2.2.1 光伏控制器的基本原理

光伏控制器的控制电路根据分布式电源的不同，其复杂程度有所差异，但其基本原理是一样的。图 2-1 是一个最基本的充放电控制器的工作原理图。该系统由太阳能电池、控制电路、蓄电池和负载组成。开关 S_1、S_2 分别为充电开关和放电开关，它们都属于控制器电路的一部分。S_1、S_2 的开合由控制电路根据系统充放电状态来决定，当蓄电池充满电时断开充电开关 S_1，使光伏电池停止向蓄电池供电。当蓄电池过放电时断开放电开关 S_2，蓄电池停止向负载供电。开关 S_1、S_2 是广义上的开关，包括各种开关元件，如各种电子开关、机械式开关等。

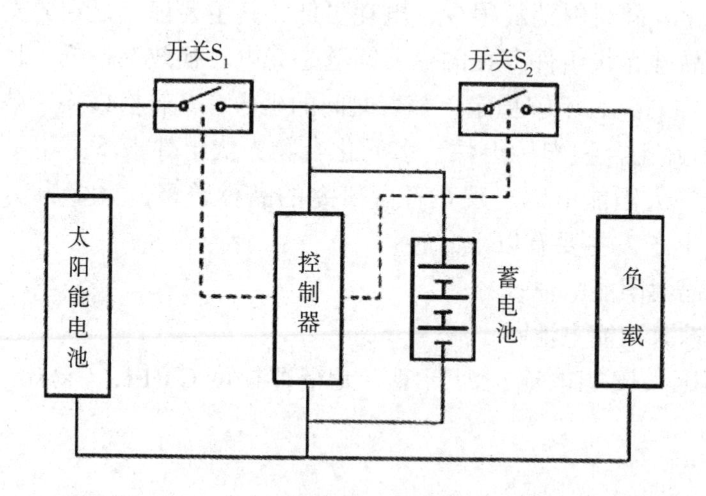

图 2-1　充放电控制器的工作原理图

在分布式电源中，充放电控制器的基本作用是为蓄电池提供最合适的充电电压和电流，同时保护蓄电池，具有输入充满和容量不足时断开和恢复充放电功能，以避免过充电和过放电现象的发生。

2.2.2　光伏控制器的功能

光伏电池的功能除了提供给直流负载使用之外，还要通过控制器对蓄电池充电，即控制器不仅要对蓄电池进行充放电保护，还要提供稳定的直流电压给直流负载或逆变器使用。一般来讲，控制器应具有以下功能：

（1）断开和恢复功能。控制器应具有输入高压断开和恢复连接的功能。

（2）欠压告警和恢复功能。当蓄电池电压降到欠压告警点时，控制器应自动发出声光告警信号。

（3）低压断开和恢复功能。这种功能可防止蓄电池过放电。控制器通过一种继电器或电子开关连接负载，可在某给定低压点自动切断负载；当电压升到安全运行范围时，负载将自动重新接入或要求手动重新接入。有时采用低压报警代替自动切断。

（4）保护功能。控制器具有负载短路保护电路；控制器内部有短路保护电路；夜间蓄电池通过太阳能电池组件反向放电保护电路；负载、光伏组件或蓄电池极性反接保护电路；在多雷区防止由于雷击引起的击穿，从而保护电路。

（5）温度补偿功能。当蓄电池温度低于 25 ℃时，蓄电池要求较高的充电电压，以便完成充电过程；相反，当高于该温度时，蓄电池要求充电电压较低。

（6）光伏发电系统的各种工作状态显示功能。该功能主要显示蓄电池电压、负载状态以及电池方阵工作状态、辅助电源状态、环境温度状态、故障报警等。

2.2.3　光伏控制器的主要技术参数

《家用太阳能光伏电源系统技术条件和试验方法》（GB/T 19064—2003）对控制器的主要技术指标有以下具体要求：①控制器的损耗要小，规定控制器最大自身耗电不应超过其额定充电电流的 1%；②规定控制器充电或放电的压降不超过系统额定电压的 5%。

光伏控制器的主要技术参数如下：

（1）额定电压。系统电压又称额定工作电压，指光伏系统的直流工作电压，一般为 12 V、24 V、48 V、110 V、220 V 等。

（2）最大充电电流。最大充电电流是指太阳能电池组件或仿真输出的最大电流，根据功率大小可分为 5 A、6 A、8 A、10 A、12 A、15 A、20 A、30 A、40 A……250 A、300 A 等多种规格。有些厂家用最大功率来表示，间接表明最大充电电流这一技术参数。

（3）蓄电池过充电保护电压。蓄电池过充电保护电压（HVD）也叫作充满断开电压或过压关断电压，一般根据需要及蓄电池类型的不同设定为14.1～14.5 V（12 V系统）、28.2～29 V（24 V系统）和56.4～58 V（48 V系统）。典型值分别为14.4 V、28.8 V、57.6 V。

（4）蓄电池充电保护恢复充电电压。蓄电池充电保护恢复充电电压（HVR）一般设为13.1～13.4 V（12 V系统）、26.2～26.8 V（24 V系统）和52.4～53.6 V（48 V系统）。典型值分别为13.2 V、26.4 V和52.8 V。

（5）蓄电池过放电保护电压（LVD）。蓄电池过放电保护电压又称为欠压关断电压，一般根据需要及蓄电池类型的不同设定为10.8～11.4 V（12 V系统）、21.6～22.8 V（24 V系统）和43.2～45.6 V（48 V系统）。典型值分别为11.1 V、22.2 V、44.4 V。

（6）蓄电池过放恢复放电电压。蓄电池过放恢复放电电压（LVR）一般设为12.1～12.6 V(12 V系统)、24.2～25.2 V(24 V系统)和48.4～50.4 V(48 V系统)。典型值分别为12.4 V、24.8 V和49.6 V。

（7)蓄电池充电浮充电压。蓄电池充电浮充电压一般为13.7 V(12 V系统)、27.4 V（24 V系统）和54.8 V（48 V系统）。

（8）电路自身损耗。控制器电路自身损耗也叫作空载损耗或最大自消耗电流。为了降低控制器的损耗，提高光伏电源的使用效率，控制器的电路自身损耗要尽可能低。控制器的最大自身损耗不得超过其额定充电电流的1%。电路不同，自身损耗也不同，一般为5～20 mA。

（9）太阳能电池方阵输入路数。小功率光伏控制器一般都是单路输入，而大功率光伏控制器都是由太阳能电池组多路输入，一般可输入6路，最多可输入12路、18路。

（10）工作环境温度。控制器的使用或工作环境温度一般在-20～+50 ℃。

（11）温度补偿。控制器一般都具有温度补偿功能，以适应不同的工作环境温度。控制器的温度补偿系数应满足蓄电池的技术要求。

（12）其他保护功能。控制器一般还具有防反充保护功能、极性反接保护功能、短路保护功能、防雷击保护功能、耐冲击电压和冲击电流保护功能等。

2.2.4 控制器的主要性能特点

2.2.4.1 小功率光伏控制器

小功率光伏控制器的主要性能特点如下：

（1）目前小功率光伏控制器大部分都采用低损耗、长寿命的MOSFET（金属氧化物半导体场效应晶体管）等电子开关元件作为控制器的主要开关器件。

（2）运用脉冲宽度调制（PWM）控制技术对蓄电池进行快速充电和浮充充电，使太阳能发电量得以充分利用。

（3）具有单路、双路负载输出和多种工作模式。其主要工作模式有普通开 / 关工作模式（不受光控和时控的工作模式）、光控开 / 时控关工作模式。双路负载控制器关闭的时间长短可分别设置。

（4）具有多种保护功能，包括蓄电池和太阳能电池接反、蓄电池开路、蓄电池过充电和过放电、负载过压、夜间防反充电、控制器温度过高等。

（5）用 LED 指示灯对工作状态、充电状况、蓄电池电量等进行显示，并通过 LED 指示灯颜色的变化，显示系统工作状况和蓄电池的剩余电量等的变化。

（6）具有温度补偿功能。其作用是在不同的工作环境温度下，对蓄电池设置更为合理的充电电压，防止过充电和欠充电状态造成电池充放电容量过早下降，甚至过早报废。

2.2.4.2　中功率光伏控制器

一般把额定负载电流大于 15 A 的控制器划分为中功率控制器。中功率光伏控制器的主要性能特点如下：

（1）采用 LCD 液晶屏显示工作状态和充放电等各种重要信息，如电池电压、充电电流和放电电流、工作模式、系统参数、系统状态等。

（2）具有自动、手动、夜间功能。可编制程序设定负载的控制方式为自动或手动方式。选择手动方式时，负载可手动开启或关闭；选择夜间功能时，控制器在白天关闭负载，夜晚时延迟一段时间后自动开启负载，当定时时间到了时又自动关闭负载。延迟时间和定时时间可编程设定。

（3）具有蓄电池过充电、过放电、输出过载、过压、温度过高等多种保护功能。

（4）具有浮充电压温度补偿功能。

（5）具有快速充电功能。当电池电压达到理想值时，控制器将提高电池的充电电压，开启快速充电倒计时程序，定时时间到后，进入快速充电状态，以达到充分利用太阳能的目的。

（6）具有普通充放电工作模式（即不受光控和时控的工作模式）、光控开 / 光控关工作模式、时控开 / 时控关工作模式等。

2.2.4.3 大功率光伏控制器

大功率光伏控制器采用微电脑芯片控制系统，具有下列性能特点：

（1）具有LCD液晶点阵显示模块，可根据不同的场合通过编程任意设定、调整充放电参数及温度补偿系统，具有中文操作菜单，方便用户调整。

（2）可适应不同场合的特殊要求，避免各路充电开关同时开启和判断时引起的振荡。

（3）可通过LED指示灯显示各路光伏充电状况和负载通断状况。

（4）有1～18路太阳能电池输入控制电路，控制电路与主电路完全隔离，具有极高的抗干扰能力。

（5）具有电量累计功能，可实时显示蓄电池电压、负载电流、充电电流、光伏电流、蓄电池温度、累计光伏发电量（单位：A · h或W · h）、累计负载用电量（单位：W · h）等参数。

（6）具有历史数据统计显示功能，如过充电次数、过放电次数、短路次数等。

（7）用户可分别设置蓄电池过充电保护和过放电保护时负载的通断状态。

（8）各路充电电压检测具有“回差”控制功能，可防止开关器件进入振荡状态。

（9）具有蓄电池过充电、过放电、输出过载、短路、浪涌、太阳能电池接反或短路、蓄电池接反、夜间防反充等一系列报警和保护功能。

（10）可根据系统要求，提供发电机或备用电源启动电路所需的无源干节点。

（11）配接有RS232/485接口，便于远程遥控。PC监控软件可测实时数据、显示报警信息，修改控制参数，读取30天内每天的蓄电池最高电压、蓄电池最低电压、光伏发电量累计和负载用电量累计等历史数据。

（12）参数设置具有密码保护功能，且用户可修改密码。

（13）具有过压、欠压、过载短路等保护报警功能；具有多路无源输出报警或控制接点，包括蓄电池过充电、蓄电池过放电、其他发电设备启动控制、负载断开、控制器故障、水淹报警等保护功能。

（14）其工作模式可分为普通充放电工作模式（阶梯形逐级限流模式）和一点式充放电工作模式（PWM工作模式），其中一点式充放电模式分4个充电阶段，控制更精确，能更好地保护蓄电池不被过充电，进而对太阳能进行充分利用。

（15）具有不断电实时时钟功能，可显示和设置时钟。

（16）具有雷电防护功能和温度补偿功能。

2.3　光伏逆变器

光伏逆变器是把直流电转换成 50 Hz 交流电的变流装置，是分布式电源的核心设备之一。光伏电池板发出直流电一般需要通过逆变器转换为交流电，提供给交流负载或者并入交流电网。

2.3.1　逆变器的分类

光伏逆变器有多种实现方案，主要分为电压型和电流型两大类。其中，电压型逆变器比较普通，这是因为电压型逆变器中储能元件是电容，它与电流型逆变器中储能元件电感相比，在储能效率和储能器件的体积、价格等方面都具有明显的优势。此外，光伏逆变器还可以按照拓扑结构、隔离方式、输出相数、功率等级、功率流向以及光伏组串方式等进行分类。

2.3.1.1　按拓扑结构分类

（1）按照拓扑结构，光伏逆变器分为全桥逆变拓扑、半桥逆变拓扑、多电平逆变拓扑、推挽逆变拓扑、正激逆变拓扑、反激逆变拓扑等。高压大功率分布式电源逆变器可采用多电平逆变拓扑，中等功率分布式电源逆变器可采用全桥、半桥逆变拓扑，小功率分布式电源逆变器采用正激逆变拓扑、反激逆变拓扑。

（2）按照隔离方式，光伏逆变器有隔离式和非隔离式两类。其中隔离式并网逆变器又分为工频变压器隔离方式和高频变压器隔离方式。光伏逆变器发展之初多采用工频变压器隔离的方式，但由于其体积、重量、成本方面的明显缺陷，近年来高频变压器隔离方式的并网逆变器发展较快。非隔离式并网逆变器以其高效率、控制简单等优势也逐渐获得认可，目前已经在欧洲开始推广应用，但它还需要解决可靠性、共模电流等关键问题。

（3）按照输出相数，光伏逆变器分为单相和三相并网逆变器两类，中小功率场合一般多采用单相并网逆变器，大功率场合多采用三相并网逆变器。

（4）按照功率等级，光伏逆变器可分为功率小于 1 kW 的小功率逆变器、功率等级 1 ～ 50 kW 的中等功率并网逆变器和 50 kW 以上的大功率并网逆变器。光伏逆变器发展至今，成为最为成熟的中等功率的并网逆变器，目前已经实现商业化批量生产，技术趋于成熟。

（5）按照功率流向，光伏逆变器分为单方向功率流并网逆变器和双方向功率流并网逆变器两类。其中，单方向功率流并网逆变器仅用作并网发电；双方向功率流并网逆变器除用作并网发电外，还能用作整流器，改善电网电压质量和负载功率因数。近几年，双方向功率流并网逆变器获得关注，是未来的发展方向之一。未来的光伏逆变器将集并网发电、无功补偿、有源滤波等功能于一身，在白天有阳光时实现并网发电，到夜晚用电时实现无功补偿、有源滤波等功能。

（6）按照光伏板组合方式的不同，光伏逆变器可以分为组串式逆变器、集中式逆变器和微型并网逆变器，这是应用领域中最为常用的分类方式。

①组串式逆变器。组串逆变器正在成为国际市场上最流行的逆变器。它是基于模块化概念设计的，多片光伏电池板根据逆变器额定输入电压要求串联成一个组串，通过一台逆变器并联入电网，逆变器在直流端跟踪最大功率峰值。也有接入多个组串并进行多路最大功率点跟踪（Maximum Power Point Tracking，MPPT）控制的组串式逆变器，其功率容量为 1 ～ 50 kW，它们通常用于光伏建筑 BIPV（Building Integrated Photovoltaic，BIPV）、“安装型”太阳能光伏建筑（Building Attached Photovoltaic，BAPV）或者屋顶电站（Roof Plant）等光伏系统中，因而此组串逆变器也称作户用型或商用型光伏逆变器。组串式逆变器特别适合应用于分布式电源。

②集中式逆变器。集中式逆变器一般用于日照均匀的大型厂房、荒漠电站、地面电站等大型发电系统中，系统总功率大，一般是 100 ～ 1 MW 甚至以上。多路光伏组串并行连接到汇流箱，然后接入一台集中式逆变器的直流输入端，并网发电。

③微型并网逆变器。微型并网逆变器是将单块光伏电池板的直流电直接升压、逆变，并入电网的变流装置，一般功率容量小于 1 000 W。它具有组件级最大功率点跟踪能力，可以集成在光伏电池板组件上，作为单块光伏板与电网之间的适配器，这使得分布式电源系统可以即插即用，甚至不需要专业技术人员来进行运行维护。但微型并网逆变器单位功率成本较高，不适合大规模分布式电源使用。

上述三种并网逆变器各具优缺点，适合不同的应用场合，需要根据实际应用进行选择，也可以组合应用，优化效率。

2.3.2 逆变器的主要功能

逆变器具有以下主要功能：

（1）自动运行和停机。早晨日出后，太阳辐射强度逐渐增强，光伏电池的输出也随之增大，当达到逆变器工作所需的输出功率后，逆变器即自动运行。逆变器运行后便时时刻刻监控光伏阵列的输出，只要光伏阵列的输出功率大于逆变器工作所需的输入功率，逆变器就持续运行，直到日落停机。

（2）最大功率跟踪限制。光伏阵列的输出功率具有非线性特性，受负载状态，环境温度、日照强度等因素的影响，其输出的最大功率点时刻都在变化，若负载工作点偏离光伏电池最大功率点将会降低光伏电池输出功率。

最大功率跟踪控制是指在一定的控制策略下，使光伏阵列工作在最大功率点，提高其能量转换效率。

（3）孤岛检测。当电网供电因故障或停电维修时，用户端的并网光伏发电系统未能及时检测出停电状态，由光伏发电系统和周围的负载组成的一个自给供电孤岛。

孤岛效应可能对整个配电系统及用户端的设备造成不利的影响。比如，危害输电线路维修人员的安全，影响配电系统上的保护开关的动作程序，电力孤岛区域所发生的供电电压与频率会出现不稳定现象，当供电恢复时造成相位不同步，光伏供电系统因单相供电而造成系统三相负载的缺相运行。因此，并网逆变器应具有检测出孤岛状态且立即断开与电网连接的能力。

（4）自动电压调整。光伏发电系统并网运行时，若存在逆流运行的状况，由于电能反向输送，受电点的电压升高，将超出电网规定的运行范围，为了避免这种情况，要设置自动电压调整功能，防止电压上升。

（5）直流检测。逆变器可检查直流输入电压，当直流电压过高或过低时逆变器停止工作。

在逆变器中，因为利用高频开关控制半导体器件，受元器件工作的不平衡等影响，逆变器的输出有少许的直流叠加。在内置工频绝缘变压器的逆变器中，直流分量被绝缘变压器隔离，系统侧没有直流流出；在高频变压器绝缘方式或无变压器方式中，因为逆变器的输出与系统连接在一起，存在直流分量，对系统侧造成柱上变压器的磁饱和，为了避免这种情况，高频变压器绝缘方式或无变压器方式的逆变器要求将叠加在输出电流中的直流分量控制在额定交流电流的 1% 以下。另外，还需设置抑制直流分量的直流控制功能，一旦此功能产生故障，逆变器的保护功能将失效。

（6）直流接地检测功能。在无变压器方式的逆变器中，因为光伏电池和系统没有绝缘，所以需要采取针对光伏电池接地的安全措施。通常在受电点（配电盘）处安装漏电断路器，监视室内配电线路和负载设备的接地情况。光伏电池接地，接地电流中叠加有直流成分，用普通的漏电断路器不能进行保护，所以逆变器内部要设置直流接地检测器，实现检测直流接地保护功能，检测电流多设置为 100 mA。

（7）其他保护功能。逆变器应具有过热、雷击、输出异常、内部故障等保护或报警功能。

（8）保护自动恢复功能。逆变器在发生各种异常状态保护性停机后，等故障消除后，其可以自动恢复运行。

2.3.3 逆变器的技术要求与性能指标

2.3.3.1 技术要求

逆变器的技术要求包含以下几点：

（1）较高的可靠性。光伏发电系统由于装设地点及全天候运行的特殊性，无法做到经常、及时维护，这就要求逆变器长期安全稳定运行，具备较高的可靠性。

（2）较高的逆变效率。目前光伏发电系统的发电成本还比较高，为了最大限度且合理地利用光伏发电所产生的电能，提高系统效率，必须尽量提高逆变器的逆变效率。一般中小功率逆变器满载时的逆变效率要求达到 85% ~ 90%，大功率逆变器满载时的逆变效率要求达到 90% ~ 95%。

（3）较大的直流输入电压范围。光伏阵列的输出电压会随着负载和日照强度、气候条件等的变化而变化，其输入电压变化范围较大，所以要求逆变器有较大的直流输入电压范围。

（4）较好的电能输出质量。光伏发电系统向当地交流负载提供的或向电网发送的电能的质量应满足实用要求并符合标准。一旦出现偏离标准的超限状况，系统应能检测到这些偏差，并将光伏发电系统与电网断开。

2.3.3.2 性能指标

逆变器的性能指标具体如下：

（1）额定输出电压。额定输出电压表示在规定的输入直流电压允许波动范围内，逆变器能输出的额定电压值。

（2）逆变器应具有足够的额定输出容量和过载能力。在离网逆变器的选用上，首先要考虑的是足够的额定容量，以满足最大负载下设备对功率的需求。额定输出容量表示逆变器向负载供电的能力。额定输出容量值高的逆变器可以带动更多的负载。但当逆变器的负载不是纯电阻性负载时，也就是输出功率因数小于 1 时，逆变器的负载能力将小于所给出的额定输出容量值。

对于以单一设备为负载的逆变器，其额定容量的选取较为简单、当用电设备为纯电阻性负载或功率因数大于 0.9 时，选取的逆变器的额定容量为用电设备的 1.1 ～ 1.15 倍即可。在逆变器以多个设备为负载时，逆变器容量的选取要考虑几个用电设备同时工作的可能性，即“负载同时系数”。

（3）输出电压稳定度。输出电压稳定度表示离网逆变器输出电压的稳压能力。多数逆变器给出的是输入直流电压在允许波动范围内该逆变器输出电压的偏差百分数，通常称为电压调整率。高性能的逆变器应同时给出负载在 0 ～ 100% 变化时，该逆变器输出电压的偏差百分数，通常称为负载调整率。性能良好的逆变器的电压调整率在 ±3% 内，负载调整率在 ±6% 内。

（4）输出电压的波形失真度。当逆变器的电压为正弦波时，规定允许的最大波形失真度或谐波含量通常以输出电压的总波形失真度表示，其值不应超过 5%（单相输出指标允许 10%）。

（5）额定输出频率。逆变器输出交流电压的频率应是一个相对稳定的值，通常为工频 50 Hz。对于并网逆变器，根据（GB/ T 19939—2005）《光伏系统并网技术要求》，频率偏差为 ±0.5 Hz。对于离网逆变器，正常工作条件下其偏差应在 ±1% 以内。

（6）功率因数。功率因数表示逆变器带感性负载的能力。当并网逆变器的输出大于其额定输出的 50% 时，平均功率因数应不小于 0.9（超前或滞后）。对于离网逆变器，在正弦波条件下，负载功率因数为 0.7 ～ 0.9（滞后），额定值为 0.9。

（7）额定输出电流（额定输出容量）。该指标表示在规定的负载功率因数范围内，逆变器的额定输出电流。有些逆变器给出的是额定输出容量。逆变器的额定输出容量是当输出功率因数为 1（纯阻性负载）时，额定输出电压与额定输出电流的乘积。

（8）额定输出效率。额定输出效率是指在规定的工作条件下，输出功率与输入功率之比。整机逆变效率高是光伏发电系统用逆变器区别于通用型逆变器的一个显著特点。逆变器的效率值表示自身功率损耗的大小，通常以百分数表示。额定输出效率随着负载率变化而变化，负载率高，额定输出效率增加。容量较大的逆变器还应给出满负荷效率值和低负荷效率值。

（9）直流分量。光伏发电系统并网运行时，逆变器向电网馈送的直流分量不应超过其交流额定值的 0.5%；对于不经变压器直接接入电网的光伏逆变器，因逆变器效率等特殊因素可放宽至 1%。

（10）谐波和波形畸变。光伏发电系统的输出应有较低的电流畸变，以避免对连接电网的其他设备造成不利影响。并网逆变器总谐波电流应小于逆变器额定输出的 5%。

（11）电压不平衡度。光伏发电系统并网运行（仅对三相输出）时，电网接口处的三相电压不平衡度不应超过《电能质量 三相电压不平衡》（GB/T 15543—2008）规定的数值，允许值为 2%，短时不得超过 4%。

（12）保护功能。在光伏发电系统正常运行的过程中，因负载故障、工作人员误操作及外界干扰等可能引起各种故障，逆变器必须具有可靠的、完善的保护功能，保证电能的稳定高效输出。对于并网逆变器，尤为重要的是孤岛保护。

（13）启动特性。逆变器应保证在额定负载下可靠、稳定地启动，高性能逆变器可做到连续多次满负载启动而不损坏功率器件；小型逆变器为了自身安全，有时候采取软启动或限流启动。

（14）噪声。电力电子设备中的变压器、滤波电感、电磁开关及风扇等部件均会产生噪声。逆变器正常运行时，其噪声不应超过 65 dB。

2.4 光伏储能电池及器件

蓄电池是一种能够将电能和化学能相互转换的储能装置。

现在用户安装的分布式电源发出来的电不是自用就是直接上传到电网，大部分都没有储能设备。在未与公共电网连接的光伏系统（光伏离网系统）中，需要储能装置对太阳能电池发出的电能进行储存和调节。太阳能光伏发电系统配套使用的蓄电池的功能就是储存太阳能电池方阵受光照时所发出电能，并可随时向负载供电。蓄电池作为太阳能光伏发电系统中的储能装置，可以从以下三个方面提高系统供电质量：

（1）剩余能量的存储及备用。当日照充足时，储能装置将系统多余的电能存储起来，在夜间或阴雨天再将能量输出，解决了发电与用电不一致的问题。

（2）保证系统稳定输出输出功率。各种用电设备的工作时段和功率大小都有各自的变化规律，欲使太阳能与用电负载自然配合是不可能的，储能装置

（如蓄电池）的储能空间和良好的充放电性能，可以起到调节光伏发电系统功率和能量的作用。

（3）提高电能质量和可靠性。光伏发电系统中的一些负载（如水泵、割草机和制冷机等），虽然容量不大，但在启动和运行过程中会产生浪涌电流和冲击电流，在光伏组件无法提供较大电流时，储能装置的低电阻及良好的动态特性，可满足上述感性负载对电源的要求。

2.4.1　储能电池的分类

按照电解液的类型，储能电池可分为酸性蓄电池和碱性蓄电池两类。以酸性水溶液为电解质的电池称为酸性蓄电池，由于酸性蓄电池的电极主要是以铅和铅的氧化物为材料，故酸性蓄电池也称为铅酸蓄电池。以碱性水溶液为电解质的蓄电池称为碱性蓄电池。

按照用途储能电池可分为循环使用电池和浮充使用电池两类。循环使用电池有太阳能蓄电池、铁路电池、汽车电池、电动车电池等类型。浮充使用电池主要作为后备电源。

按照使用环境储能电池可分为固定型电池和移动型电池两类。固定型电池主要用于后备电源，广泛用于邮电、电站和医院等的，其固定在一个地方，因此重量不是关键问题，其最大要求是安全、可靠。目前用作固定型电池的主要有密封型电池和传统的富液电池。移动型电池主要有内燃机用电池、铁路客车用电池，摩托车用电池、电动汽车用电池等。

2.4.2　储能电池的电压

储能电池每单格的标称电压为 2 V，实际电压随充放电的情况而变化。充电结束时，电压为 2.5 ～ 2.7 V，然后慢慢降至 2.05 V 左右，趋于稳定状态。

如用储能电池做电源，开始放电时电压很快降至 2 V 左右，然后缓慢下降，保持在 1.9 ～ 2.0 V 的范围内，当放电接近结束时，电压很快降到 1.7 V；当电压低于 1.7 V 时，便不再放电，否则会损坏电极板。停止使用后，蓄电池电压自己能回升到 1.98 V。

2.4.3　储能电池的容量

电池在一定放电条件下所释放的电量称为电池的容量，以符号 C 表示。当放电电流为定值时，电池的容量用放电电流和时间的乘积来表示，单位是安培小时，简称安时（A·h）或毫安时（mA·h）。蓄电池的放电电流常用放电时间的长短来表示（放电速度），称为“放电率”，如 30 h 放电率、20 h 放电率、10 h 放电率等。其中以 20 h 放电率为正常放电率。所谓 20 h 放电率，表示用一定的电流放电，20 h 可以放出的额定容量。通常额定容量用 C 表示。因而 C_{20} 表示 20 h 放电率，C_{30} 表示 30 h 时放电率。铅酸蓄电池的容量是指蓄电池蓄电的能力，通常以充足电的蓄电池放电至端电压到达规定放电终了电压时，电池所放出的总电量来表示。

蓄电池的容量可分为理论容量、实际容量、额定容量和标称容量。

理论容量是指活性物质的质量按法拉第定律计算出的最高理论值。为了比较不同系列的电池，常用比容量的概念，即单位体积或单位质量蓄电池所能给出的理论电量，单位为 A·h/kg 或 A·h/L。

实际容量是指蓄电池在一定条件下所能输出的电量。它等于放电电流与放电时间的乘积，单位为 A·h，其值小于理论容量。因为组成设计电池时，除活性物质外还包括非反应成分，如外壳、导电零件等，同时与活性物质被有效利用的程度有关。

额定容量是按国家或有关部门颁布的标准，保证蓄电池在一定的放电条件下应该放出的最低限度的容量。

标称容量是在蓄电池出厂时规定的该蓄电池在一定的放电电流及一定的电解液温度下，单格电池的电压降到规定值时所提供的电量，是用来鉴别蓄电池安时值的。标称容量只标明蓄电池的容量范围而没有确切值，因为在没有指定放电条件下，蓄电池的容量是无法确定的。

2.5 光伏直流汇流箱与配电柜

2.5.1 汇流箱

在光伏发电系统中，为了减少光伏电池组件与逆变器之间的连线，避免系统遭受雷击，及时发现有故障的光伏电池组件，方便系统维护，提高光伏发电系统的可靠性，根据相关要求，一般需要在光伏阵列与逆变器之间增加直流汇流装置，即光伏直流汇流箱。光伏直流汇流箱根据逆变器输入的直流电压范围，将光伏电池组件串联组成光伏电池串列，再将若干光伏电池串列接入汇流箱汇流（并联）。

根据以上要求，光伏直流汇流箱可分为普通型和智能型两种。其中，普通型光伏直流汇流箱具有防雷、汇流等基本功能，配置的主要设备包括直流熔断器、直流断路器、防雷保护器等元件。智能型光伏直流汇流箱除了具有防雷、汇流这些基本功能外，还可实时监测光伏阵列的运行情况，判断出故障的光伏串列，并对其定位和报警，通过装置的通信接口向监控系统发送报警报文。智能型光伏直流汇流箱在普通型光伏直流汇流箱的基础上，增加了智能监测模块等元件。智能型光伏直流汇流箱是对光伏电池串列进行监测的一种智能设备，是伴随着光伏发电的大规模应用而产生的一种新型设备。下面对其主要元件的功能及选型进行相应的说明。

2.5.1.1　直流熔断器

直流熔断器的主要作用是保护光伏电池组件。为避免电流倒流损坏光伏电池组件，需要在每个光伏电池串列输出回路中安装直流熔断器。直流熔断器的分断条件是在有效分断故障光伏电池的同时，不影响其他正常工作的光伏电池串列的运行。

随着市场对大功率光伏电池组件的需求量不断增加，光伏发电系统与风电并网发电系统应用技术的推广与发展，采用高电压直流熔断器保护光伏电池组件的安全，已成为国际通行的一项重要技术措施。

光伏直流汇流箱必须在光伏电池串列的正、负极之间均配备光伏直流熔断器（直流耐压值应不低于 1 kV），以使光伏汇流箱内部的电子器件免受过电流的危害。根据光伏电池的电流特性，熔断器的规格选取可由光伏电池组件的短路电流计算而得，推荐值为不小于 1.56 倍的短路电流。

2.5.1.2　直流断路器

在光伏直流汇流箱中，直流断路器在二级汇流侧（逆变器直流输入侧）出现短路情况时，可以保护光伏电池阵列免受过电流的危害，其额定电压为光伏阵列最大开路电压，额定电流为光伏阵列最大额定电流。一般使用专用的直流断路器两极串联来提高直流耐压值，达到系统要求的电压。如果选择的断路器保护电流等级过大，在故障情况下则无法提供保护功能，反之可能造成光伏发电系统无法正常工作。

2.5.1.3　直流防雷保护器

光伏发电系统中雷电对设备的威胁主要来自整个系统覆盖的表面、分布式电源场地的情况、附近的高金属结构（如信号塔等）以及当地的雷电活动水平。

光伏发电系统的受热面往往处于孤立的、暴露的场所，使得雷电成为一个重要的风险因素。

大型分布式电源使用的光伏电池组件数量庞大，占地面积达十几平方千米，且安装在室外，因此极易受到雷电的威胁。雷电放电和上游电源系统的开关操作将引起感性或容性的耦合电压，这些浪涌电压可能会损坏光伏电池组件和逆变器。一旦出现间接雷击，光伏电池组件、逆变器内部的电子元件和半导体元件很可能遭到破坏。

为了防止光伏发电直流电源系统因雷击过电压或操作过电压对设备造成损坏，在光伏直流汇流箱中正极对地，负极对地、正负极之间均加装直流防雷保护器。一般来说，其规格应满足如下要求。

（1）最大持续工作电压（U_c）：$U_c>1.3\ U_{oc}$（STC）。

（2）最大放大电流（I_{max}）：I_{max}（8/20）≥ 40 kA；标称放电电流（I_n）：I_n（8/20）≥ 20 kA。

（3）电压保护水平（U_p）：U_p 是在标称放电电流 I_n 下的测试值。

（4）防雷器应具有脱离器和故障指示等功能。其中，STC（Standard Test Conditions）为标准测试条件，即光伏电池温度为 25℃，光源辐照度为 1 000 W/m^2，并具有 AM1.5（AM 是 Air Mass，大气质量，定义为光线通过大气的实际距离与大气垂直厚度的比值。AM1.5 就是光线通过大气的实际距离为大气垂直厚度的 1.5 倍）太阳光谱辐照度分布。U_{oc}（STC）为标准测试条件下光伏电池的开路电压。

2.5.1.4 监测模块

监测模块是智能型光伏直流汇流箱专用的设备。智能型汇流箱通过监测模块检测系统的运行情况，把监测到的数据通过配置的专用通信口传到远方中央控制室，通过监控系统进行分析和显示。当光伏电池阵列发生异常状况时，由专业人员根据具体信息及时进行处理，迅速排除故障。为方便用户实时掌握光伏阵列的工作状况，监测模块需具有采样周期短、转换精度高、低耗能、性能稳定可靠等特点。

光伏直流汇流箱在具体工程选型时需根据逆变器输入的直流电压范围，将一定数量、规格相同的光伏电池组件串联组成 1 个光伏电池串列，再将若干个光伏电池串列接入光伏直流汇流箱，极大地简化了系统的接线过程，同时对逆变器起到一定的保护作用，有效地提高了光伏发电系统的可靠性和实用性，方便用户及时、准确地掌握光伏发电系统的工作情况，保证光伏发电系统发挥其最大功效。

2.5.2　交流配电柜

分布式电源系统的管理及设备的安全一般是通过交流配电柜来实现的。交流配电柜是指用于实现逆变器电量的输出、检测、显示以及设备保护等功能的交流配电单元。交流配电柜为逆变器提供输出接口，配置输出交流断路器直接并网（或供交流负载使用），在光伏发电系统出现故障需要维修时，不会影响光伏发电系统和电网（或负载）的安全，同时保证了维修人员的人身安全。交流侧的主要设备有交流断路器、交流防雷保护器、计量电能表（可带通信接口）、电压电流表等。对于分布式电源并网发电系统还需配置电能质量分析仪。

2.5.2.1　交流断路器

在光伏发电系统中，交流断路器被用来保护逆变器的输出端免受过电流的危害。当逆变器的输出端发生故障时，它可迅速切断故障电路，防止事故的进一步扩大。

交流断路器的规格需要根据逆变器输出侧的电压、电流的额定值来确定。一般来说，交流断路器的额定电压不小于逆变器输出交流电压的额定值，过流脱扣器的额定电流不小于逆变器输出电流的额定值。在并网光伏发电系统中，在并网侧还需安装一个交流并网断路器，其参数的选择同逆变器输出侧的交流断路器。

2.5.2.2　交流表计

为了便于观察逆变器的运行情况，在逆变器的输出侧配置交流电压表和交流电流表。交流电压表和交流电流表主要根据逆变器输出的额定工作电压和最大交流电流来选择表计的量程，表计的精度按照测量表计的标准级别进行选择。配置的交流电压表和交流电流表可以实时显示逆变器的输出电压及电流。

2.5.2.3　计量电能表

在分布式电源系统中，需要安装 2 块电表：一块装在分布式电源出口处（逆变器出口处），用来计量分布式电源总发电量，因为国家对分布式电源的财政补贴是按照发电量进行结算的，电价补贴标准为 0.37 元 / 千瓦时（2018 年 1 月 1 日后投运）；另一块装在并网点上，具备双向计量功能（上网和下网方向），因为分布式电源主要为“自发自用，余电上网”，如以江苏省为例上网电量按江苏省燃煤机组脱硫上网标杆电价 0.391 元 / 千瓦时计算，下网电量按用户用电性质根据电价目录收取。

分布式电源设计电能表时，在满足电能计量相关技术及标准要求的前提下，还应具备双向有功和四象限无功的计量功能，具备本地通信和通过电能信息采集终端远程通信的功能。电站运行人员通过电能表就地查看分布式电源的运行情况，也方便远方调度人员及时掌握光伏发电系统的运行状况。

2.5.2.4 电能质量分析仪

在并网光伏发电系统中，逆变器将直流电逆变成交流电，逆变后的交流电或多或少都包含一些高次谐波，这些谐波分量将对供电系统产生严重危害。谐波分量将增加发电、输电、供电和用电设备的附加损耗，使设备过热，降低设备的效率和利用率，影响继电保护和自动装置的工作，干扰通信系统的正常工作。因此，电网对于并网光伏发电系统的谐波分量有明确的要求。另外，逆变后还会产生电压偏差、电压不平衡、直流分量、电压波动和闪变等情况，只有这些量值的大小都满足相关标准，光伏发电系统才允许并入电网。

逆变器输出侧加装电能质量分析仪，目的是对逆变器输出的电能质量进行检测，一旦逆变器输出电能质量不能满足并网的技术要求，可采取措施将光伏发电系统从电网中切除。

对于电能质量分析仪的要求是能够提供各种电能质量的指标参数，以及对各种电能质量的数据进行记录，并提供详细的信息，以便相关人员了解及分析电能质量的状况。

2.5.2.5 交流防雷保护器

在并网光伏发电系统中，线路如果受到雷击，将产生过电压，若不能使雷击电流迅速流入大地，雷击就会通过并网点的线缆侵入，对配电设备及用电设备造成破坏，引起火灾，甚至造成人身伤亡等严重后果。为了防止光伏发电系统并网侧因雷击对设备造成损坏，在并网点加装交流防雷保护器，一旦线路遭到二次感应雷击或操作过电压，防雷保护器瞬时将过电压短路泄放到地面，从而达到保护设备和人身安全的作用。

交流配电柜内的元器件应布置合理、走线整齐，电器间绝缘应符合国家有关标准；进出线要接入接线端子，大电流端子、一般电压端子、弱电端子间要有隔离保护，交流配电柜针对接入的设备及线路要有明显的断开点，在检修时能够逐级断开设备及回路，确保维修人员及相关设备的安全。

第 3 章　直流母线分布式光伏发电技术

3.1　直流母线分布式光伏发电系统的网络结构

按系统的容量和结构分类，直流母线分布式光伏发电系统可分为微型直流光伏系统、独立直流母线光伏供电系统和并网混合系统三种。

3.1.1　微型直流光伏系统

微型直流光伏系统的特点是系统中只有直流负载而且负载功率比较小，整个系统结构简单，操作简便。微型直流光伏系统主要用于一般的负载，为各种民用的需直流供电产品以及相关的娱乐设备（如直流节能灯、收录机和电视机等）的系统，也可以用来解决无电地区家庭的基本照明问题。此外，对于那些系统负载为直流负载而且对负载的使用时间没有特别要求的也非常适用。因为这些负载主要是在白天使用，所以系统中没有使用蓄电池，也不需要使用控制器。系统结构简单，直接使用光伏电池组件给负载供电，减少了能量在蓄电池中的储存和释放过程所造成的损失，以及控制器中的能量损失，提高了太阳能的利用效率。

3.1.2　独立直流光伏母线供电系统

独立直流母线太阳能供电系统拥有独立的直流母线，负载功率较大，为了保证可靠地给负载提供稳定的电力供应，需要配备蓄电池组等储能设备，常应用于通信、遥测、监测设备电源，农村的集中供电站，航标灯塔、路灯等领域。如图 3-1 所示为一种典型的含光伏的独立直流分布式发电系统结构图。经过电力电子变换器将负载与电源连成一个电力电子网络，其中连接电源和母线的接口变换器可使低电压电源对该网络放电，连接负载和母线的接口变换器可保证负载得到合适的电压，双向变换器保证了蓄电池既可以储存能量也可以释放能量。系统中负载由可再生电源提供主要能量，蓄电池用于吸收可再生电源发出的多余能量，并在负载功率过大时放电，不可再生电源（如燃油发电机等）用于进一步保证负载稳定地工作。由于风能等其他形式能源的存在，该分布式发电系统也属于混合发电系统。使用混合供电系统的目的是综合利用各种发电技术的优点，避免各自的缺点。使用混合供电系统可以达到可再生能源的更好利用。因为可再生能源是变化的、不稳定的，所以系统必须按照能量产生最少的时期进行设计。由于系统是按照最差的情况进行设计的，所以在其他的时间，系统的容量过大，在太阳辐照最高峰时期产生的多余能量没法使用而白白浪费了，整个独立系统的性能因此而降低。如果最差月份的情况和其他月份差别很大，有可能导致浪费的能量等于甚至超过设计负载的需求，从而降低系统的实用性。在独立系统中因为可再生能源的变化和不稳定会导致系统出现供电不能满足负载需求的情况，即存在负载缺电情况，使用混合系统则会大大地降低负载缺电率。也就是说，混合发电系统负载匹配更好。对于光伏、柴油发电机混合发电系统，因为柴油发电机可以即时提供较大的功率，所以混合系统适用于范围更加广泛的负载系统，如可以使用较大的交流负载、冲击载荷等。有时，负载的大小决定是否需要使用混合系统。大的负载需要很大的电流和很高的电压，如果只是使用太阳能成本就会很高。但混合发电系统控制比较复杂，因为其使用了多种能源，所以系统需要监控每种能源的工作情况，处理各个子能源系统之间的相互影响、协调整个系统的运作。此外，混合发电系统初期工程较大，而且比独立系统需要更多的维护。所以混合系统的应用也受到了一定的限制。

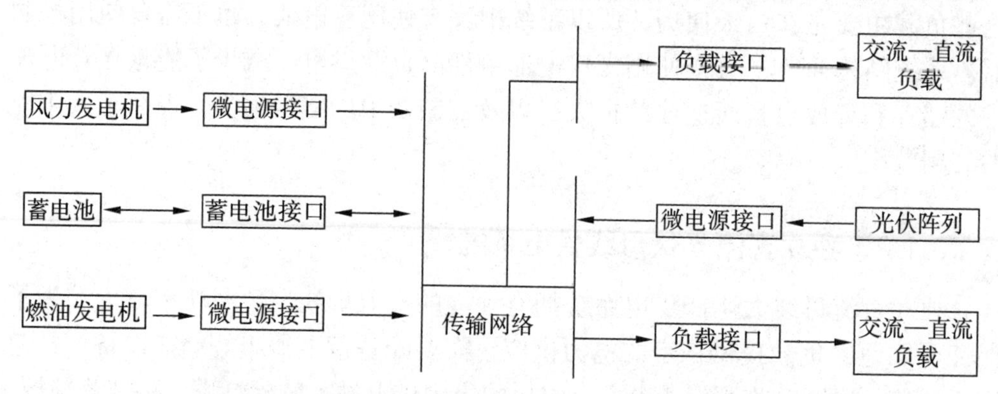

图 3–1　典型的含光伏的独立直流分布式发电系统结构图

3.1.3　并网混合系统

并网混合系统不仅可以为本地负载提供合格的电源，还可以作为一个在线

UPS（不间断电源）工作。它既可以向电网供电，也可以从电网获得电能，是个双向逆变控制器。系统工作方式是将交流电网和光伏电源并行工作。对于本地负载而言，如果太阳能电池组件产生的电能足够负载使用，它将直接使用太阳能电池组件产生的电能满足负载的需求。如果太阳能电池组件产生的电能超过即时负载的需求，它能将多余的电能返还给电网。如果太阳能电池组件产生的电能不够用，它将自动启用交流电网，使用交流电网满足本地负载的需求。而且，当本地负载功耗小于逆变器额定交流电网量的 60% 时，交流电网就会自动给蓄电池充电，保证蓄电池长期处于浮充状态。如果交流电网产生故障，即交流电网停电或者交流电网的供电品质不合格，系统就会自动断开交流电网，转成独立工作模式，由蓄电池和逆变器提供负载所需的交流电能。一旦交流电网恢复正常，即电压和频率都恢复到正常状态以内，系统就会断开蓄电池，改为并网模式工作，由交流电网供电。如图 3-2 所示，环形直流分布式混合并网系统网络结构为环形，三个电力电子变换器接供电电源，两个变换器接负载，其中一个输出交流电，一个输出直流电。

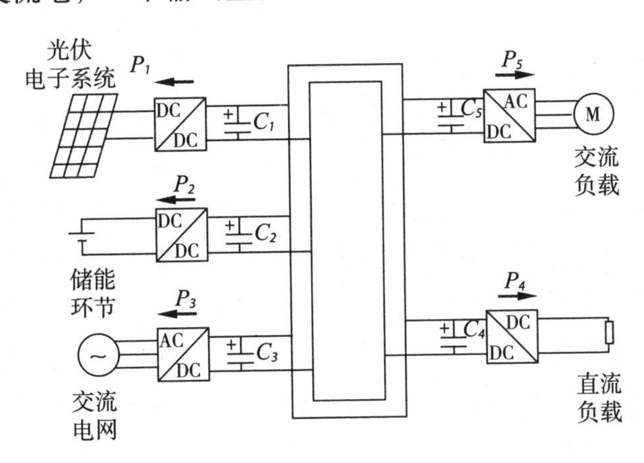

图 3-2　环形直流分布式混合并网系统网络结构图

3.2　直流母线分布式光伏发电系统与交流电网的接口

要将分布式发电系统与现有的交流电网并列运行，只需在某些点将直流分布式发电系统通过电力电子设备与交流电网连接。其具体运行方式是：当分布式发电系统容量不足时，交流电网并入系统且正常运行，两者共同向负载供电，但尽可能利用分布式光伏发电系统；当发电量超过负载所需能量时，交流电网也并入系统，分布式光伏发电系统将多余的电能送往交流电网。如图 3-3 所示，直流母线侧的电容可部分将交流和直流系统解耦，即变流器一侧的扰动不会影响另一侧。变流器的始端通过一个电感与交流电源连接，末端通过一个电容与直流母线连接，因此变流器的始端为电流控制，而末端为电压控制。

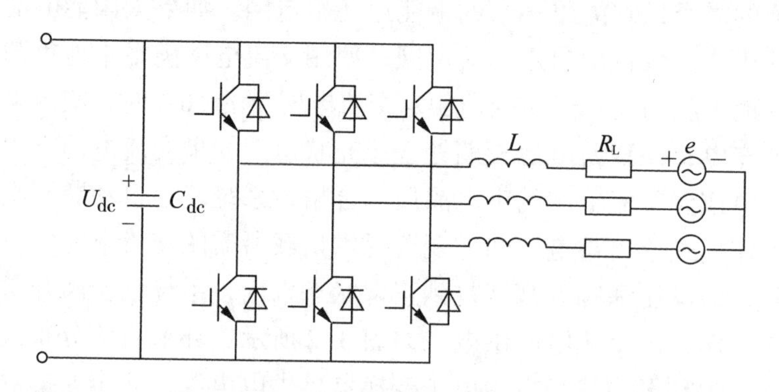

图 3-3　直流分布式光伏发电系统与交流电网的连接原理图

3.3　直流母线分布式光伏发电系统的控制

传统的直流母线分布式光伏发电系统的控制方法是集中控制法，通过通信信号检测系统各个部分的工作状态，再由中央控制器控制系统各个模块工作。这种控制方法能够实现系统的最优控制，但是在实际应用中，如果系统依靠中央控制器和通信信号进行控制，不仅增加了成本，而且降低了可靠性。目前，关于直流母线分布式光伏发电系统的控制方法，研究较多的有电压水平信号法和直流母线信号法两种。

3.3.1　电压水平信号法

电压水平信号法背离了电压下垂法以最小的电压偏差实现功率分配的根本目标，它是通过引入有意义的电压偏差来实现电源按优先顺序被调度的。电压水平信号法应用于一个由 4 个电源组成的系统，其控制原理图如图 3-4 所示。系统运行于离散的电压水平状态，每个电源被赋予一个阈值电压代表不同的供电优先等级，这个阈值实质上是指控制电路中的电压参考信号。阈值电压越大，表示电源的优先级越高。在负载较轻时，优先级别最高的电源（称为电源 1，其阈值电压为 U_{1ref}）工作，母线电压稳定在 U_{1ref}，系统运行于状态 1。当负载增加到超过电源 1 的最大功率时迫使电源进入恒定功率运行状态，而母线电压随之减小，当减小到第二个电源的阈值电压 U_{2ref} 时，电源开始工作，以提供不足的负载功率，系统进入状态 2。系统工作于不同的状态，母线电压将离散地稳定于不同的阈值电压 U_{ref}。因此，随着负载的增加，母线电压会离散地减小致使别的附加电源工作，以满足负载需求，实现了电源的调度。

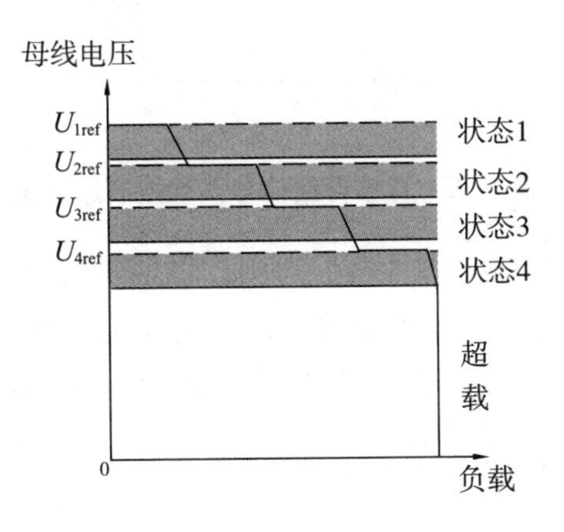

图 3-4　电压水平信号法的控制原理图

虽然电压水平信号法能够实现电源的调度，但是这种控制策略具有以下两个缺点：①由于系统运行的电压不能太低和线路阻抗问题，系统中的电源数目会受到限制；②当需要并接高优先级的电源到系统时，必须改变低优先级的所有电源的状态（主要是指电源的阈值电压）。这两个缺点使得电压水平信号法仅适用于小规模的可再生能源系统。

3.3.2　直流母线信号法

直流母线信号法的具体做法如下：①通过电压水平信号法实现多个状态下电源的调度；②结合下垂控制法设置性质相同的电源，具有相同的阈值电压，实现系统每进入一个状态可以引入多个电源上线工作，引入的多个电源平均分配能量，以提供不足的负载功率。直流母线信号法的控制原理图如图 3-5 所示。这种控制方法与电压水平信号法类似，不同之处是电源是以组的形式而不是以单个的形式被调度的。相对于电压水平信号法，直流母线信号法具有以下优点：①构成系统的电源数目可以进一步增加；②通过指定新的电源运行于已有的阈值电压，可以很容易地加入新的电源。直流母线信号法适用于大规模的可再生能源系统。

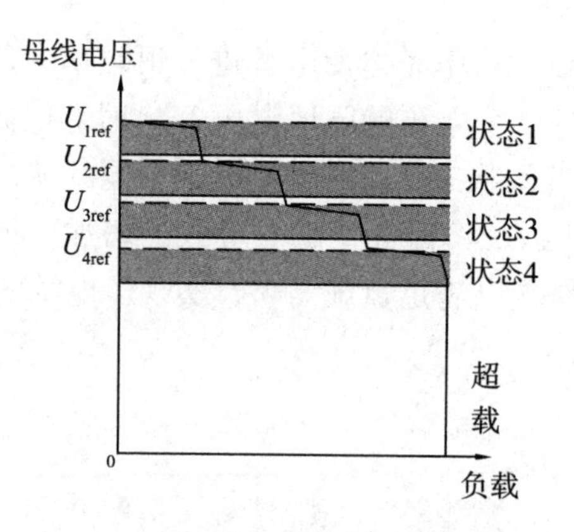

图 3-5　直流母线信号法的控制原理图

下面以 DBS 系统结构（图 3-6）为例，说明直流母线信号法工作原理。S_1 为光伏电池，S_2 为蓄电池，S_3 为燃料电池。为了充分利用能源，节约成本，光伏电池最优先使用，其次为蓄电池，最后使用燃料电池，这是电源使用的优先级。负载端 3 个不同的负载随机启动。

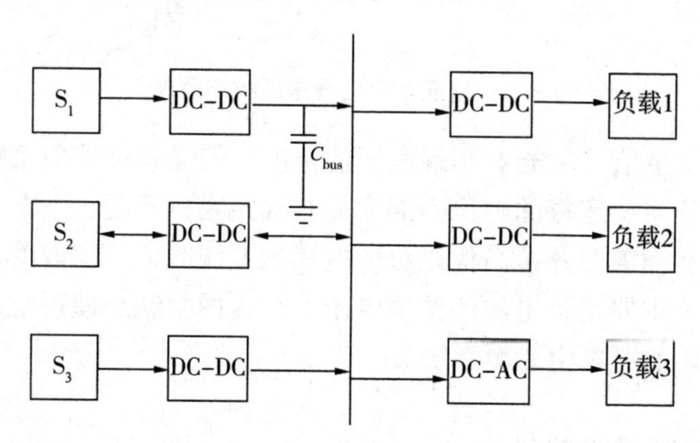

图 3-6　DBS 系统结构

现设定 S_1 的工作阈值电压为 U_{1ref}，能提供的最大功率为 P_{S_1}；S_2 的充电阈值电压为 U_{2ref}，放电阈值电压为 U_{3ref}，最大放电功率为 P_{S_2}；S_3 的工作电压为 U_{4ref}，最大提供功率为 P_{S_3}。根据优先级不同，有 $U_{1ref}>U_{2ref}>U_{3ref}>U_{4ref}$。在母线电压高于它们的阈值之前，电源变换器保持关断（不包括蓄电池充电情况），一旦低于阈值，变换器开始工作。负载 1 吸收的功率为 P_{L_1}，负载 2 吸收的功率为 P_{L_2}，负载 3 吸收功率为 P_{L_3}。

在只有负载 1 启动的情况下，假定 $P_{L_1}<P_{S_1}$，则 S_1 工作，一方面 S_1 稳定电压

给负载供能，母线电压被稳定在 U_{1ref}。另一方面，如果 S_2 没有充满电，则 S_1 以最大功率输出，多余的能量给蓄电池充电，此时母线电压稳定在 U_{2ref}；如果蓄电池已经充满电，则 S_1 只恒压供电，母线电压稳定在 U_{1ref}。

当负载 2 也启动时，假定 $P_{L_1}+P_{L_2}>P_{S_1}$，由于 S_1 功率不够，它以最大功率 P_{S1} 输出能量。母线电压会下降，当下降到 U_{3ref} 时，蓄电池开始放电，如果 $P_{S_1}+P_{S_2}\geqslant P_{L_1}+P_{L_2}$，则电压稳定在 U_{3ref}，蓄电池工作于放电模式。如果这种工作模式持续时间过长蓄电池电量不足，为保护蓄电池寿命，会关闭蓄电池。

当负载 3 也启动时，假定 $P_{L_1}+P_{L_2}+P_{L_3}>P_{S_1}+P_{S_2}$，则 S_1 和 S_2 都以最大功率放电，母线电压下降到 U_{4ref}，S_3 启动为系统供电，母线电压最终稳定在 U_{4ref}。如果 S_3 以最大功率输出，仍不能满足负载功率，就认为是过载，需要卸掉某些负载。

当某时刻关闭一个负载时，母线电压会上升，超过 U_{4ref} 后，关闭 S3。如果负载继续减轻，关闭蓄电池放电模式。如此系统循环工作。

系统从一种状态转到另一种状态时，也就是当负载加重时，母线电压下降为

$$U_{\mathrm{bus}}(t)=\sqrt{\frac{2}{C_{\mathrm{bus}}}\int_0^t\left[P_{L_L}(t)+P_{L_1}(t)-P_{S_2}(t)\right]\mathrm{d}t} \tag{3-1}$$

U_{1ref} 一般设为系统工作的上限额定电压，$U_{n\mathrm{ref}}$ 的设定应满足：

$$U_{n\mathrm{ref}}\leqslant U_{(n-1)_{\mathrm{ref}}}-U_{\mathrm{d}n}-U_{\mathrm{e}} \tag{3-2}$$

式中：$U_{(n-1)\mathrm{ref}}$——上一个变换器工作阈值；

U_{dn}——S_n 供电时母线电压下垂的最大值；

U_{e}——电压检测误差和母线电压的波动。

第4章　交流母线分布式光伏发电技术

4.1　交流母线分布式光伏发电系统的网络结构

交流母线分布式光伏发电系统的网络结构有两种解决方案：一种是无直流母线的单纯交流母线方案；另一种是交直流混合母线方案。除了基本结构以外，并网逆变器与交流母线的连接方式也是网络结构中需要重点关注的问题。

4.1.1　单纯交流母线方案

所谓单纯交流母线方案，是指网络结构中只有公共的交流母线，没有公共的直流母线，其基本结构如图 4-1 所示。

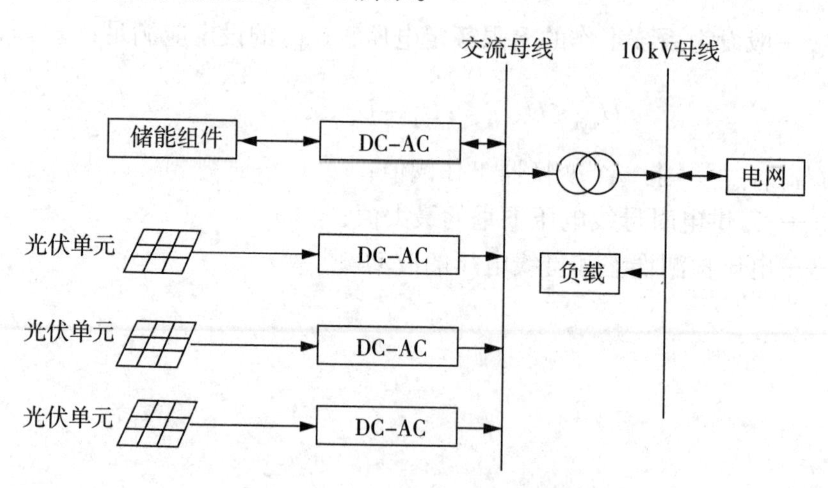

图 4-1　单纯交流母线方案

单纯交流母线方案的优点在于并网单元分布于各种发电和储能单元中，容量相对较小，可靠性高；其缺点是各并网单元变流器结构以及各单元间的协调控制较为复杂。

4.1.2　交直流混合母线方案

交直流混合母线方案指的是网络结构中既有公共的交流母线，也有公共的直流母线。具体而言，它又可以分为以下两种网络结构：

交直流混合母线方案的第一种结构如图 4–2 所示。在这种结构中，所有光伏单元的输出都经 DC–DC 变换，并联在公共直流母线上，再通过集中的逆变方式并入交流电网。这种结构要求各个光伏单元和储能单元具有相同的功率和电压等级。

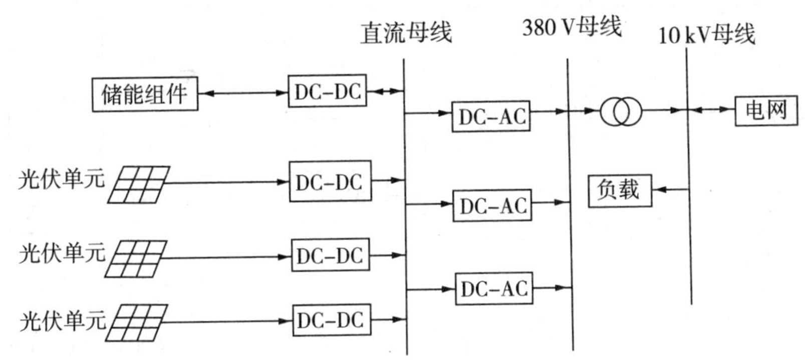

图 4–2　交直流混合母线方案的第一种结构

交直流混合母线方案的第二种结构如图 4–3 所示。在这种结构中，功率和电压等级相同的各个光伏单元和储能单元通过公共的直流母线和集中的逆变器与交流电网相连，功率等级较高的光伏单元和储能单元直接开入父沉电网。HIY’能炬种米的分布式发电系常规光伏单元并存的应用场合。这种结构也适用于风力和光伏混合发电系统，如图 4–4 所示。因为风电系统的功率一般远大于光伏系统，所以采用这种结构更为合适。

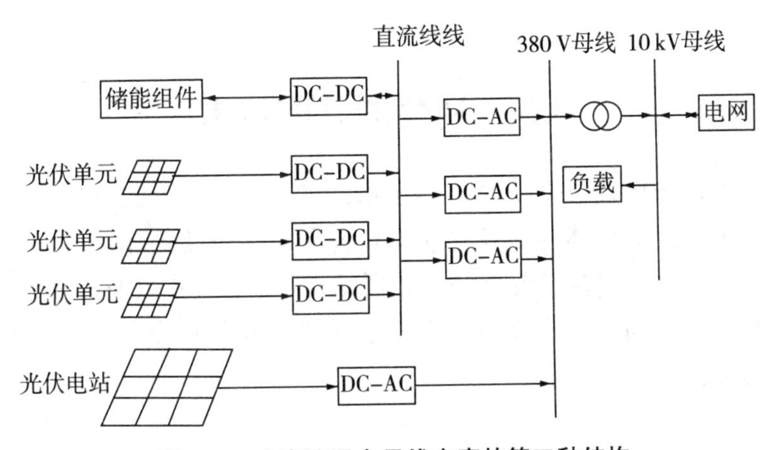

图 4–3　交直流混合母线方案的第二种结构

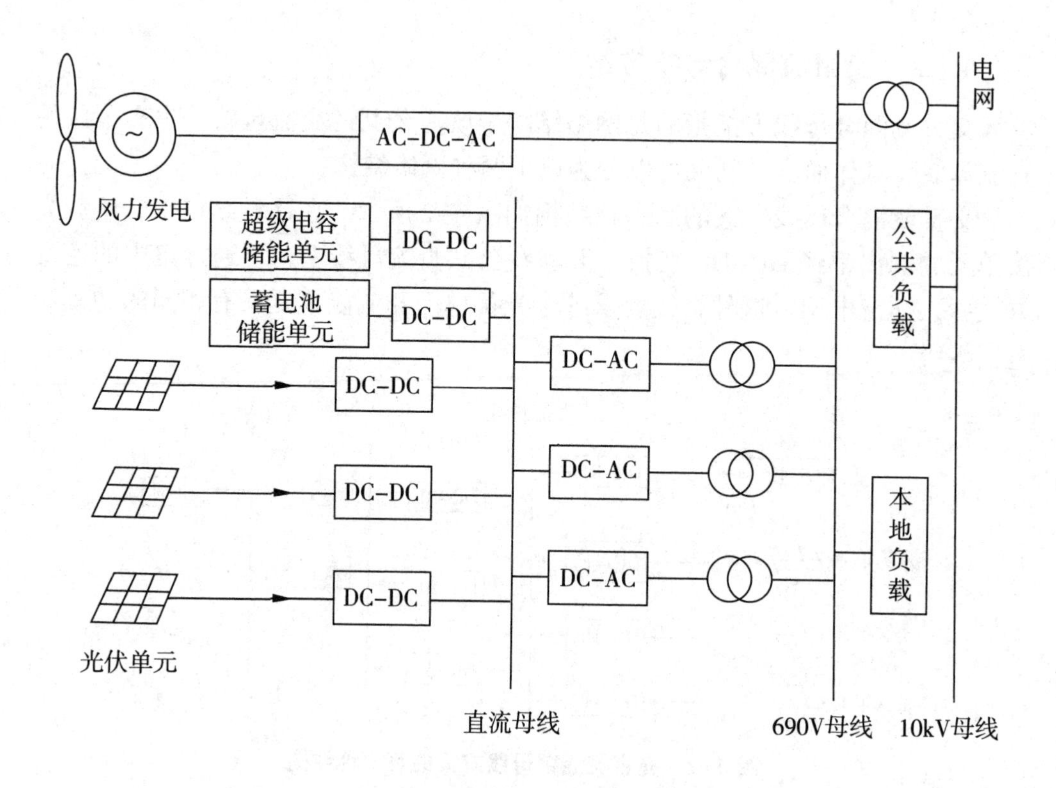

图 4–4　风力和光伏混合的交直流混合发电母线方案

采用交直流混合母线方案，可以实现分布式发电系统的能量优化控制和并网控制的解耦。能量优化控制部分的 DC–DC 变换器和并网部分的逆变器均可以采用常规的拓扑结构，设计和实现都比较容易。另外，直流母线到交流母线间的逆变器除了采用图 4–2 ～图 4–4 中的分布式逆变器结构外，还可以使用集中控制的大型逆变器，这种方案适用于发电单元比较集中、容量大的光伏电站。

4.2　逆变器并网技术

并网技术是光伏发电系统的核心技术，可减小并网电流谐波和改善发电质量对光伏发电系统的整体性能及可靠运行起着至关重要的作用。与逆变器并网控制相关的主要内容包括逆变器的滤波器结构、控制方式以及最佳并网时机等。在介绍这些内容之前，首先介绍一下关于光伏逆变器和分布式发电系统并网运行方面的国际标准。

4.2.1　并网光伏逆变器的交流侧滤波器结构

光伏逆变器工作于高频（PWM）模式，高开关频率会产生对电网谐波的污染，其输出电流会对电网产生严重的谐波污染。传统的电网侧滤波器为 *L* 滤波器（以单相为例）（图 4–5），由电感 *L* 将高频电流谐波限制在一定范围之内，减少对电网的谐波污染。

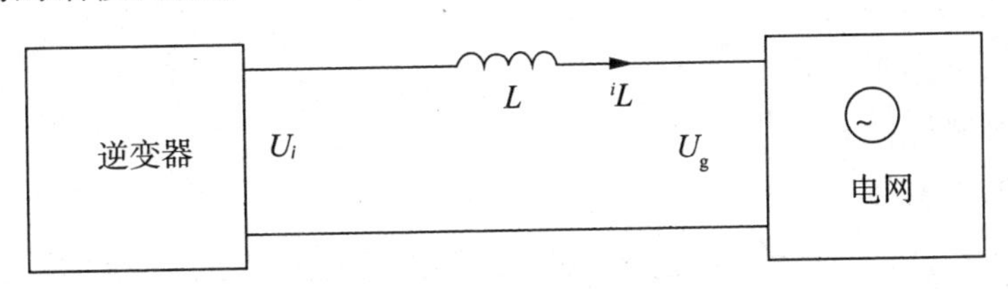

图 4–5　*L* 滤波器示意图（以单相为例）

随着功率等级的提高，特别是在中高功率的应用场合，开关频率相对较低，要使电网侧电流满足相应的谐波标准所需的电感值太大。这不仅使电网侧电流变化率下降，系统动态响应性能降低，还会带来体积过大、成本过高等一系列问题。如果采用一般的 *LC* 滤波器，虽然其结构和参数选取简单，但无法抑制输出电流的高频纹波，容易因电网阻抗的不确定性而影响滤波效果。*LCL* 结构比 *LC* 结构有更好的衰减特性，对高频分量呈高阻态，可以抑制电流谐波，并且同电网串联的电感 *L* 还可以起到抑制冲击电流的作用。要达到相同的滤波效果，*LCL* 滤波器的总电感量比 *L* 滤波器和 *LC* 滤波器小得多，有利于提高电流动态性能，同时能降低成本，减小装置的体积重量。在中大功率应用场合中，*LCL* 滤波器的优势更为明显。*LCL* 滤波器的原理图如图 4–6 所示。

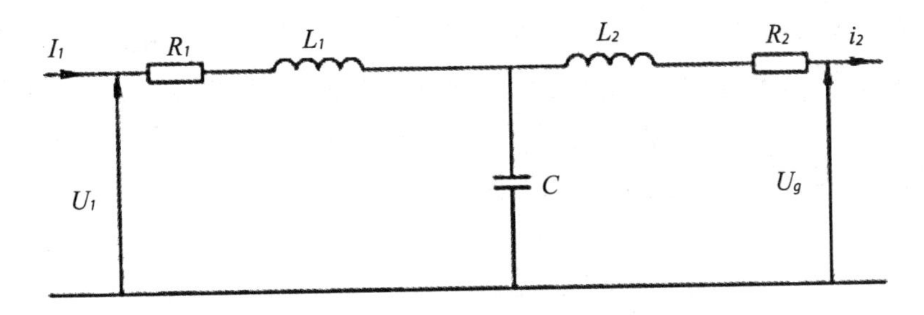

图 4–6　LCL 滤波器的原理图

根据图 4–6 可得

$$U_i(t)=R_1 i_1(t)+L_1\frac{\mathrm{d}i_1(t)}{\mathrm{d}t}+u_c(t) \tag{4-1}$$

$$i_1(t)=i_2(t)+i_c(t) \tag{4-2}$$

$$u_c(t)=R_2 i_2(t)+L_2\frac{\mathrm{d}i_2(t)}{\mathrm{d}t}+U_g(t) \tag{4-3}$$

式中：U_i——逆变器输出电压；

U_g——网侧电压；

u_c——电容电压；

i_1——逆变器输电流；

i_2——网侧电流；

i_c——电容电流。

由于 LCL 滤波器在低频时的表现性能和纯电感 L 滤波器相近，其中电感 $L=L_1+L_2$，容易得到网侧电流 I_2 和逆变器输出电压 U_i 之间的传递函数：

$$G(s)=\frac{I_2(s)}{U_i(s)}=\frac{1}{s^3L_1L_2C+s\left(L_1+L_2\right)} \tag{4-4}$$

LCL 滤波器参数的设计有很多种方法，不同的选取方法有不同的效果，直到现在这仍是一个重要的研究方向。本书给出一种常见的设计方法。根据电流纹波计算 L_1+L_2，低频 LCL 滤波器可简化成电感值为 $L=L_1+L_2$ 的单电感滤波器，故可以用单电感 L 滤波器结构计算 L_1+L_2 的近似值。单电感 L 滤波器电感选取有三种原则，分别是功率指标、谐波抑制指标以及瞬态跟踪指标，其具体的设计方法可参看相关参考资料，这里不再赘述。在计算出 L 以后，根据 $L=L_1+L_2$ 再确定 L_1 和 L_2。不同的文献对 L_2 值的选择不同，一般取 $L_2=L_1$ 或 $L_2=0.5L_1$。工程上往往利用并网变压器的漏感作为 L_2，而不再单独设置。线路电抗也要折算到 L_2 中。电容和电感的选择必须达到一定的平衡。电容越大，则流入电容的无功电流越大，致使电感电流和开关管电流也越大，从而降低效率。电容越小，则电感需要增大，使得电感上的压降增大。

滤波器的截止频率 f 应满足如下条件：

$$f=\frac{1}{2\pi}\sqrt{\frac{L_1+L_2}{L_1L_2C}}<<f_c \tag{4-5}$$

式中：f_c——逆变器输出脉冲频率。

4.2.2 并网光伏逆变器的控制模式

逆变器的控制模式有两种：电流型控制和电压型控制。而美国 IEEE 正式发布的《互联分布式能源与电力系统相关接口的设备一致性测试规程》（IEEE 1547.1-2020）明确规定，并网光伏逆变器不能对 PCC 电压进行调节，因此直接的电压型控制是不允许的，但间接的电压型控制（不直接控制 PCC 电压的电压型控制）是可行的。

4.2.2.1　电流型控制

对于 *LCL* 滤波的并网逆变器来说，有两种电流型控制方案，即网侧电感电流控制方案和桥侧电感电流控制方案。

（1）网侧电感电流控制方案。

网侧电感电流控制方案是指对网侧电感电流进行控制，根据需要给定并网电流的幅值和相位，调节并网功率。其控制系统框图及复频域等效电路如图 4-7、图 4-8 所示。

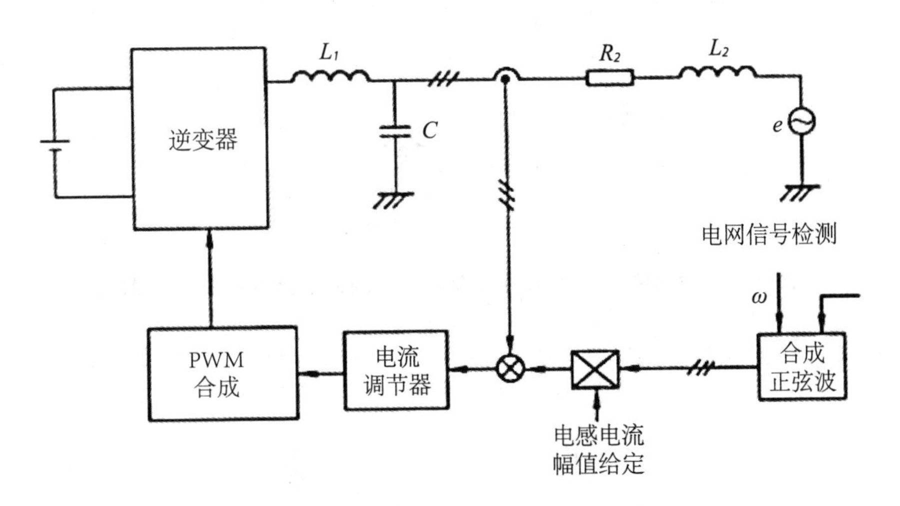

图 4-7　对网侧电感电流进行控制的并网逆变器的控制系统框图

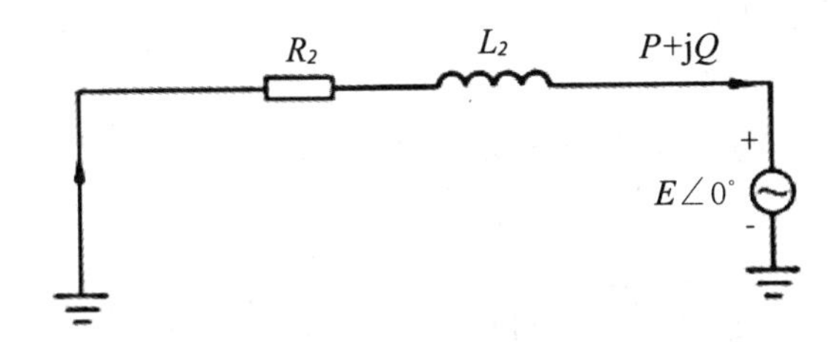

图 4-8　对网侧电感电流进行控制的并网逆变器的复频域等效电路

由图 4-8 可知，输送给电网的功率为

$$P=EI_2\cos\delta \tag{4-6}$$

$$Q=EI_2\sin\delta \tag{4-7}$$

式中：P——有功功率；

Q——无功功率；

E——PCC 电压有效值；

I_2——网侧电感电流有效值。

式（3-8）、式（3-9）为单相系统的公式，三相系统的公式加入校正项即可。

（2）桥侧电感电流控制方案。

桥侧电感电流控制方案是指对桥侧电感电流进行控制，其控制系统框图和复频域等效电路如图 4-9、图 4-10 所示。

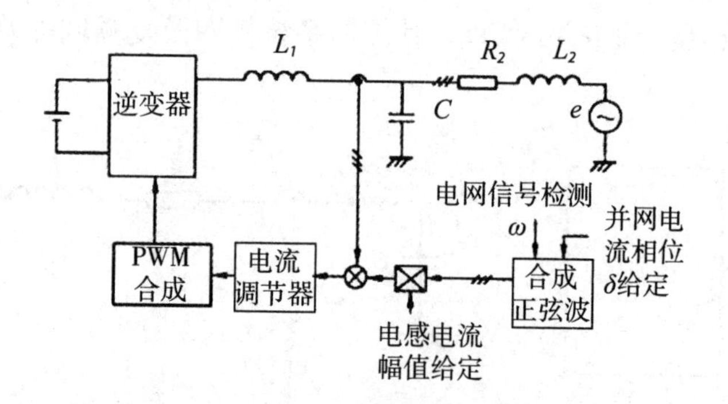

图 4-9　对桥侧电感电流进行控制的并网逆变器的控制系统框图

图 4-10　对桥侧电感电流进行控制的并网逆变器的复频域等效电路

由图 4-10，可得到：

$$P=\frac{EI_1}{\omega CZ}\cos\left(\theta+90^\circ-\delta\right)-\frac{E^2}{Z}\cos\theta \tag{4-8}$$

$$Q=\frac{EI_1}{\omega CZ}\sin\left(\theta+90^\circ-\delta\right)-\frac{E^2}{Z}\sin\theta \tag{4-9}$$

式中：I_1——桥侧电感电流有效值；

Z——L_1 之后、电网连接点之前的等效传输阻抗：$Z=\sqrt{R_2^2+\left(\omega L_2-\frac{1}{\omega C}\right)^2}$，

$\theta=\arctan\dfrac{\omega L_2-\frac{1}{\omega C}}{R_2}$。

输送到电网的有功功率和无功功率是由逆变器滤波电感 L_1 电流的幅值与相位决定的，通过控制 L_1 电流的幅值与相位，即可控制逆变器输送给电网的有功功率和无功功率。

4.2.2.2　电压型控制

并网逆变器不能直接控制 PCC 电压，但不是不能进行电压型控制。对于 *LCL* 滤波的并网逆变器来说，它控制电容 *C* 上的电压，实现并网逆变器的功率控制。这虽然是电压型控制，但并未对 PCC 电压进行调节，因此不违反并网规范。对电容电压进行控制的并网逆变器控制系统框图和复频域等效电路图如图 4–11、图 4–12 所示。

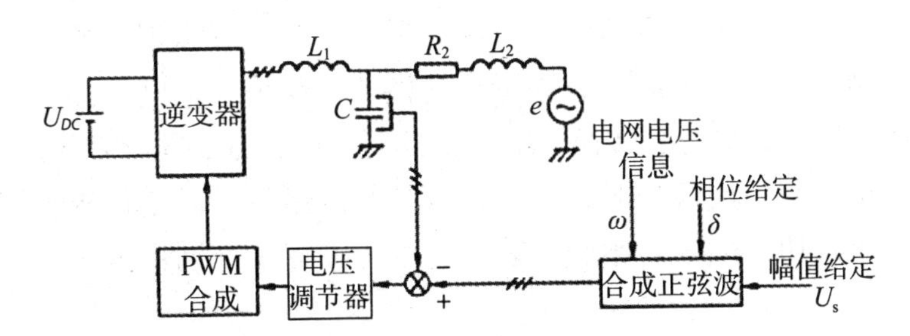

图 4–11　对电容电压进行控制的并网逆变器的控制系统框图

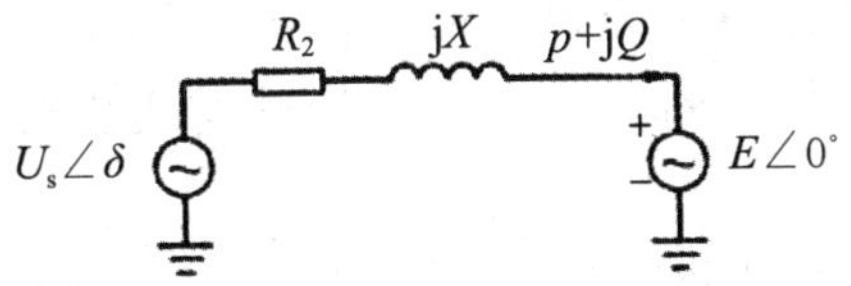

图 4–12　对电容电压进行控制的并网逆变器的复频域等效电路

由上图，可以得到输送给电网的有功功率和无功功率为：

$$P=\frac{EU_s}{Z_1}\cos(\theta-\delta)-\frac{E^2}{Z_1}\cos\theta \tag{4-10}$$

$$Q=\frac{EU_s}{Z_1}\sin(\theta-\delta)-\frac{E^2}{Z_1}\sin\theta \tag{4-11}$$

式中：U_S——电容电压有效值；

Z_1——滤波电容 C 之后、电网连接点之前的等效传输阻抗：$Z_1=\sqrt{R_2^2+X^2}$，$X=\omega L_2$，$\theta=\arctan\dfrac{X}{R_2}$。

通过控制电容电压的幅值与相位，即可控制逆变器输送给电网的有功功率和无功功率。

4.2.3　分布式并网光伏逆变器的功率调节技术

当分布式发电系统要求并入电网的功率已知时，可以根据电网情况求出其期望电流值或期望电压值，从而采用电流型控制并网模式或是电压型控制并网模式控制光伏逆变器，将能量并入电网。电流型控制并网模式对于并网运行的控制简单易行，如果不考虑传输线阻抗的影响，功率分析很简单。但电流型控制并网模式难以为常规本地负载进行独立供电，在公共电网故障状况下，如需要为本地负载供电，则需要转换至电压型控制并网模式，即存在模式切换问题。当采用电压型控制并网模式时，独立运行与并网运行可以工作于相同的控制模式，不存在模式切换问题。本书着重介绍电压型控制并网模式，下文介绍其功率调节技术。

下垂控制是分布式并网控制中常用的方法。分布式发电系统中供电单元多，实现有功功率—频率的下垂特性，可以保证有功功率的分配和均衡。下垂特性应由总的功率分配及额定功率的大小而定。无功功率也应有类似的下垂特性，以保证无功功率的分配和均衡。这种下垂特性的实现分别是由频率及电压来控制的。

电压型控制并网模式的复频域等效电路如图 4-13 所示。该图为单相电路，但也适用于三相电路。图中电抗 X 和电阻 R_2 为等效阻抗，包括滤波器电抗、变压器漏阻抗及线路阻抗等。

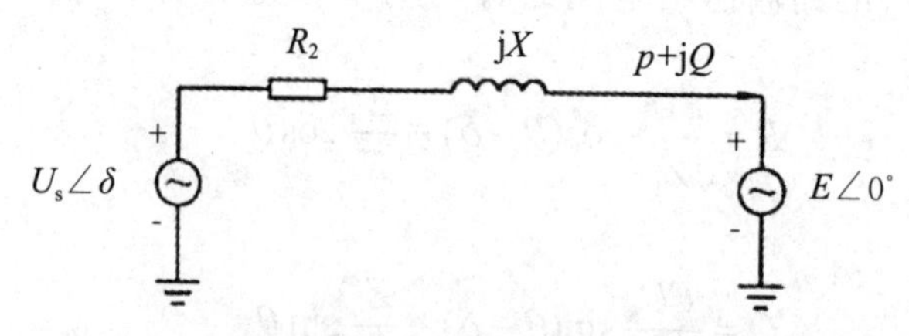

图 4-13　电压型控制并网模式的复频域等效电路

根据图 4-13，功率表达式可以描述如下：

$$P=\frac{E}{R_2^2+X^2}\left[R_2\left(U_s\cos\delta-E\right)+XU_s\sin\delta\right] \tag{4-12}$$

$$Q=\frac{E}{R_2^2+X^2}\left[X\left(U_s\cos\delta-E\right)-R_2U_s\sin\delta\right] \tag{4-13}$$

由式（4-12）和式（4-13）可解得

$$U_s\sin\delta=\frac{XP-R_2Q}{E} \tag{4-14}$$

$$U_s\cos\delta-E=\frac{R_2P+XQ}{E} \tag{4-15}$$

根据 X 与 R_2 的相对关系，分以下三种情况讨论：

（1）$X>>R_2$。$X>>R_2$ 意味着 R_2 可以忽略。如果功率角 δ 很小，那么 $\sin\delta\approx\delta$，$\cos\delta\approx1$，则式（4-14）、式（4-15）可简化为：

$$\delta\approx\frac{XP}{U_sE} \tag{4-16}$$

$$U_s-\mathrm{E}\approx\frac{XQ}{E} \tag{4-17}$$

式（4-16）和式（4-17）表明，较小的功率角 δ 主要取决于有功功率 P；电压差 U_s-E 主要取决于无功功率 Q。换一个角度来说，可以通过单独调节功率角 δ 调节有功功率 P，通过单独调节电压幅值调节无功功率 Q。而功率角 8 本身又跟频率 f 有关，为角频率的积分，因此也可以通过调节频率 f 来调节功率角 δ，进而调节有功功率 P。以上叙述中关于调节有功功率 P、无功功率 Q 的论述就是基于经典的频率、电压下垂控制策略。

下文给出经典的下垂控制策略：

$$f-f_0=k_P\left(P-P_0\right) \tag{19}$$

$$U_s-U_{s0}=-K_Q\left(Q-Q_0\right) \tag{4-19}$$

式中，f_0——额定频率；

U_{s0}——额定逆变器输出电压（一般为电网电压）；

P_0——额定的有功功率；

Q_0——无功功率。

经典的频率和电压下垂控制特性如图 4–14 所示。

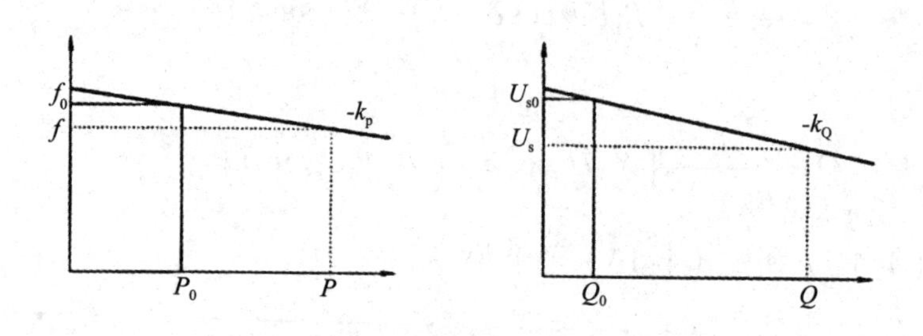

图 4–14　经典的频率和电压下垂控制特性

（2）$X<<R_2$。$X<<R_2$ 意味着 X 可以忽略。如果功率角 δ 很小，同样 $\sin\delta=\delta$，$\cos\delta=1$，则式（4–14）、式（4–15）可简化为

$$\delta \approx -\frac{R_2 Q}{U_s E} \tag{4-20}$$

$$U_s - E \approx \frac{R_2 P}{E} \tag{4-21}$$

式（4–20）、式（4–21）表明，较小的功率角 δ 主要取决于无功功率 Q；电压差 $U_s–E$ 主要取决于有功功率 P。可以通过单独调节功率角 δ 调节无功功率 Q，也即可以通过调节频率 f 调节功率角 δ 进而调节无功功率 Q，通过单独调节电压幅值调节有功功率 P。在这里，经典的下垂控制策略已经不再适用了。

（3）X 与 R_2 相接近。X 与 R_2 相接近，两者都不能忽略。这就需要找到在 P、Q、U_s、δ 之间普遍存在的规律。一旦找到这一规律，将使情况 1 和情况在该规律中成为特例。为实现这一目标，这里引入了一个正交线性旋转变换矩阵 T，将有功功率 P 和无功功率 Q 修正为 P' 和 Q'，即

$$\begin{bmatrix} P' \\ Q' \end{bmatrix} = \boldsymbol{T}\begin{bmatrix} P \\ Q \end{bmatrix} = \begin{bmatrix} \sin\theta & -\cos\theta \\ \cos\theta & \sin\theta \end{bmatrix}\begin{bmatrix} P \\ Q \end{bmatrix} = \begin{bmatrix} \dfrac{X}{Z} & -\dfrac{R_2}{Z} \\ \dfrac{R_2}{Z} & \dfrac{X}{Z} \end{bmatrix}\begin{bmatrix} P \\ Q \end{bmatrix} \tag{4-22}$$

$$Z=\sqrt{R_2^2+X^2}$$

将式（4–22）带入式（4–14）、式（4–15），则有：

$$\sin\delta = \frac{ZP'}{EU_s} \tag{4-23}$$

$$U_s\cos\delta - E = \frac{ZQ'}{E} \tag{4-24}$$

考虑到功率角 δ 很小，sin8δ ≈ δ，cosδ ≈ 1，则式（4–25）、式（4–24）可简化为

$$\delta \approx \frac{ZP'}{U_sE} \tag{4-25}$$

$$U_s - E \approx \frac{ZQ'}{E} \tag{4-26}$$

式（4–25）、式（4–26）表明，功率角 δ 主要取决于 P'；电压差 U_s–E 主要取决于 Q'。可以通过单独调节功率角 δ 调节 P'，通过单独调节电压幅值调节 Q'。而功率角 δ 又是频率 f 的函数，因此也可以通过调节频率 f 来调节功率角 δ，进而调节 P'。

这里仿照经典的频率电压下垂控制策略的表达形式，给出修正后的下垂控制策略，如图 4–15 所示。

$$f - f_0 = -k_P\left(P' - P_0'\right) = -k_P\frac{X}{Z}\left(P - P_0\right) + k_P\frac{R_2}{Z}\left(Q - Q_0\right) \tag{4-27}$$

$$U_s - U_{s0} = -k_0\left(Q' - Q_0'\right) = -k_Q\frac{R_2}{Z}\left(P - P_0\right) - k_Q\frac{X}{Z}\left(Q - Q_0\right) \tag{4-28}$$

式中：k_P——有功；

k_Q——无功下垂特性的斜率。

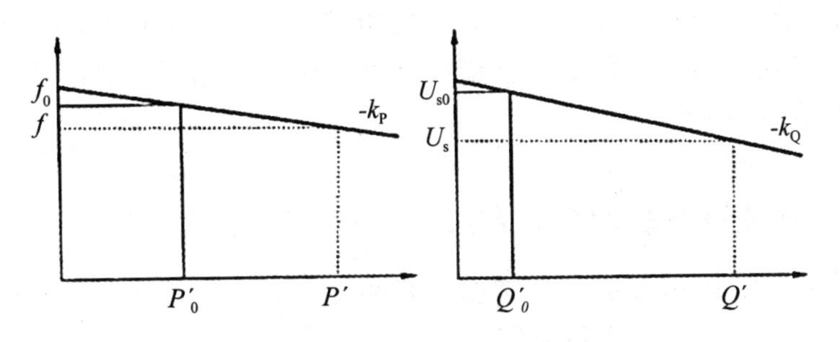

图 4–16　修正后的频率和电压下垂特性

由于在分析中对线路阻抗 R 与 X 同时予以了考虑，因此这种情况更具有普遍意义。图 4–16 给出了不同线路阻抗构成下，P'、Q'、P 和 Q 对于频率和电压的影响。

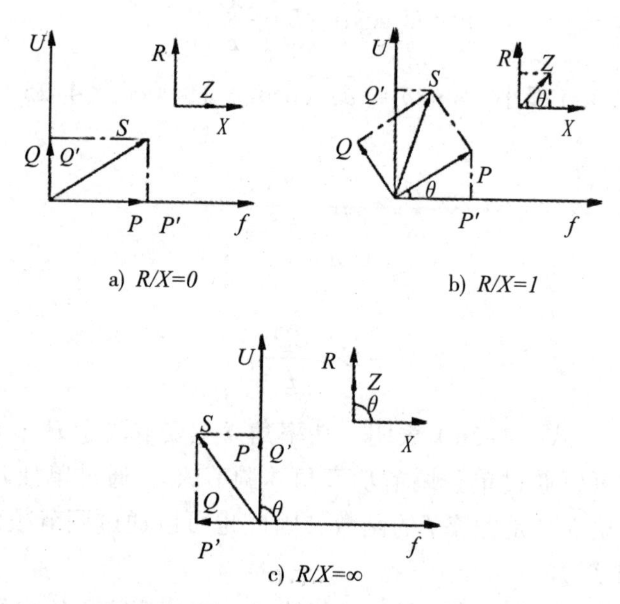

图 4–16　不同线路阻抗构成 P'、Q'、P、Q 对频率和电压的影响

4.3　逆变器并联技术

在分布式光伏发电系统中，有多台逆变器同时并网工作。这些逆变器都并在同一交流母线上，也就是说这些逆变器都并联在一起。因此，对于分布式光伏发电系统来说，各逆变器不仅要实现并网的功能，还要考虑到并联运行的问题。实际上，逆变器与电网之间的关系也可以看作并联关系，也就是说并网可以看作特殊的并联。逆变器的并联是当前研究的热点，其核心的问题包含两个方面：一是控制方面，主要是无互连线并联技术；二是运行品质方面，主要是环流抑制技术。

4.3.1　逆变器并联的控制方法

逆变器并联的控制方法，总体而言有两种方式：有互连线并联控制和无互连线并联控制，下面分别进行介绍。

4.3.1.1　有互连线并联控制

有互连线并联控制是早期逆变器并联控制的主要方案，从具体结构上又分为集中式并联控制、主从式并联控制和分布式并联控制等。

（1）集中式并联控制。在逆变器并联技术发展的早期，一般采用带有集中控制器的逆变器并联集中控制方法，其原理框图如图 4–17 所示。集中控制的特点是存在着一个集中控制器，该控制器的锁相环电路用于保证各模块输出电压频率和相位与同步信号相同。同时，并联控制单元要负责检测总负载电流，将负载电流除以并联单元的个数作为各台逆变电源的电流指令，各台逆变电源检测自身的实际输出电流，并求出电流偏差。假设各并联模块单元每一个同步信号控制时输出电压频率和相位偏差不大，可以认为各并联单元的输出电流偏差是由电压幅值的不一致而引起的，这种控制方式把电流偏差作为参考电压的补偿量引入各逆变电源模块，用于消除输出电流的不均衡。

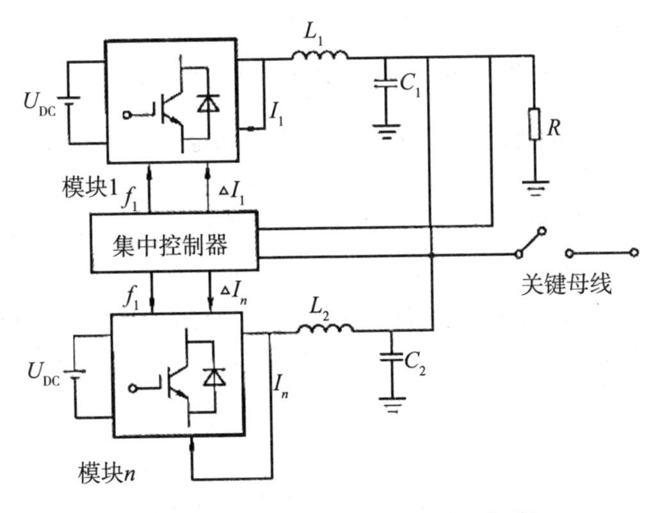

图 4–17　集中式并联控制原理框图

集中式并联控制比较简单，易于实现，且均流效果较好。但是，集中式并联控制器的存在使得系统的可靠性有所下降，一旦控制器发生故障将导致整个供电系统的崩溃。

（2）主从式并联控制。为了解决集中式并联控制的缺点，提出了主从式并联控制，其原理框图如图 4–18 所示。

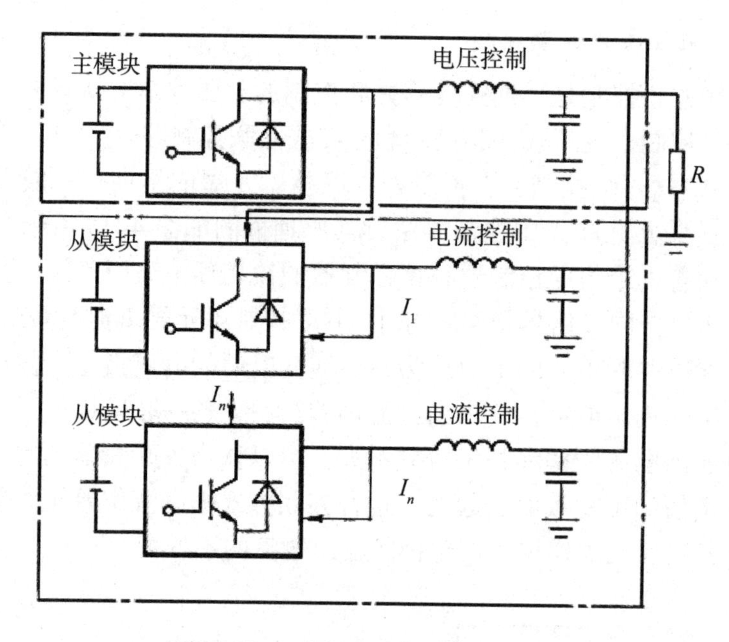

图 4-18　主从式并联控制原理框图

主从式并联控制是通过一定的逻辑选择来确定一台模块作为主机，当主机退出系统时，另一台从机自动地切换为主机，执行主机的控制功能。这种控制方法的原理与集中式并联控制是一样的，只是避免了由于主控制器出现故障时整个系统的崩溃。因此，这种方式提高了系统的可靠性。

在一些主从式并联控制系统中，正常运行时只有主机存在电压闭环控制，从机内部没有电压闭环，从机接收主机的电压环输出信号作为电流环的电流指令，因此从机中只有电流环起作用，主机是电压控制型逆变电源，而从机是电流控制型逆变电源。

主从式并联控制中还有以并联逆变器输出功率的特性为基础，利用有功功率和无功功率来调整各逆变器输出电压的相位和幅值来实现逆变器的同步并联运行。主从式并联控制解决了单个逆变器出现故障引起整个系统崩溃的问题，但是由于存在主从切换的问题，因此主从式并联控制中确定主机的逻辑选择方法至关重要，直接影响系统的可靠性，一旦主从切换失败，必将导致系统的瘫痪。

（3）分布式并联控制。针对主从式并联控制所存在的缺陷，又出现了互动跟踪多点同步无主从并联均流控制策略。该控制方式中没有固定的主模块，每个模块在每个工频周期内都按一定的频率同时向同步母线上发送本模块的同步脉冲，实现多点同步，提高了同步的精确度。各模块在发送本模块的同步脉冲的同时，随时检测同步母线上的信号，根据同步信号调节本模块同步脉冲，并由同步信号强制各正弦基准同步工作，使各个模块间的同步脉冲互相跟踪，形成一种公共的同步信号，实现了各模块的同步。同时，利用模块间的电流信息交换修改参考电压的幅值，实现均流控制。这种分布式无主从控制的逆变器并联方法可以实现并联系统的 N+1 冗余，增强了系统的可靠性。

为了实现逆变电源的真正冗余，即并联系统中的每一台逆变器单元的运行都不依赖其他的逆变器单元，各模块单元在并联系统中地位相同，没有主次之分，于是提出了一种分布式并联控制方式。分布式并联控制系统的原理框图如图 4–19 所示。

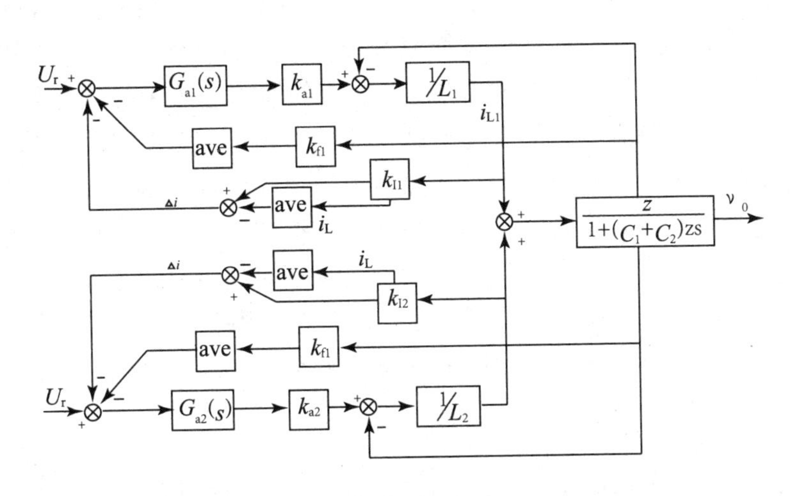

图 4–19　分布式并联控制系统的原理框图

分布式并联控制采用三个平均信号作为逆变器之间的并联总线信号，从这个框图中可以看出分布式系统的一般特点。图中 ave 是一个求平均值的电路，通过这个电路，逆变器之间的反馈电压值、参考电压 U_r 及反馈电流的平均值都被用于每个逆变器的控制，各个逆变器的控制功能完全一致，投入或者切除一个逆变器模块对系统来说不需要额外的逻辑判断，适合并联系统的冗余和维护。在分布式并联系统中，各台逆变器单元的地位是平等的，当检测到某台逆变器发生故障时，可以控制该逆变器单元自动退出系统，而其他的逆变器不受影响。分布式并联控制系统解决了集中式并联控制和主从式并联控制中存在的单台逆变器故障导致整个系统瘫痪的缺点，使并联系统的可靠性大大提高。同时，分布式并联控制具有控制原理简单、易于实现和均流效果好等特点，在并联台数不多的情况下采用这种方式比较实用。

分布式控制方案虽然可以使系统以较高的可靠性运行，但是随着并联系统中逆变器数量的增加，逆变器之间的互连线增多，将使整个系统变得复杂。同时，各台逆变器之间距离的增大，使逆变器之间的互连线增长，均流信号容易引入干扰，降低了系统的可靠性，尤其是采用模拟控制时，由于连线距离较远，干扰更为严重。因此，有些公司专门研制了采用光纤进行通信的完全无电气互连线的并联方式，提高了分布式并联系统的可靠性，但同时增加了系统的成本，使控制系统更加复杂。为降低系统的复杂程度，提高并联系统的可靠性，可对分布式并联控制方式进行改进，即只采用一根传输逆变器输出电流平均值信号的均流母线和一根同步信号总线，减少并联系统互连线的数量。

在改进的分布式逆变器并联系统中，同步采用独立的电路实现，输出电流平均值采用模拟电路实现，并通过均流母线传输给各个模块，其控制电路框图如图 4-20 所示。在这种控制方式中，各模块的输出电流采样信号经平均值电路得到每个逆变器所需承担的平均负载电流信号，并与自身的电流比较，将偏差信号反馈给电压瞬时值调节器，从而实现环流的闭环控制。为了提高并联系统的稳定性和静态均流效果，均流控制单元还将在环流与输出电压综合后调节基准正弦信号的幅值。同步电路要求每个模块都向同步总线上发送同步信号，并从总线上接收第一个到来的同步信号，使各模块跟踪第一个到来的同步信号，各模块没有主次之分，都处于相同的地位，有利于实现热插拔而不影响并联系统运行，可以实现系统的冗余。

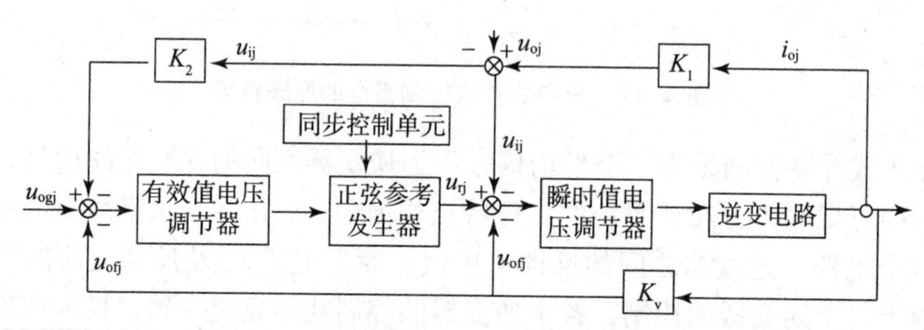

图 4-20　改进的平均值分布式并联控制系统图

分布式并联控制系统是通过并联模块间的互连线来实现稳压和均流的，其控制原理是将控制权分散，在逆变电源并联运行时，各个电源模块检测出自身的有功功率和无功功率，通过均流母线传送到其他并联模块中。与此同时，电源模块本身也接收来自其他模块的有功功率和无功功率信号进行综合判断，确定本模块的有功功率和无功功率基准。有功功率用来调整相位，无功功率用来调整幅值。这样就可以根据模块间的有功功率和无功功率信息来调整自身的电压和同步信号的参考值，实现并联系统的均流控制和相位同步。

4.3.1.2　无互连线并联控制

无互连线并联控制的模块间仅由交流母线相连，各模块相互独立，可实现完全冗余。因此，无互连线并联控制受到了广泛关注。目前，无互连线并联控制主要采用下垂特性法。在逆变器并联控制中的下垂特性法有自己的特点，下面以两台逆变器并联为例进行介绍。

两台逆变器并联运行原理图如图 4–21 所示。为方便起见，将逆变器简化为交流电源。其中，U_{01} 和 U_{02} 为逆变器输出电压幅值，Φ_1 和 Φ_2 为逆变器输出电压相位，R_1 和 R_2 为线路等效电阻，X_1 和 X_2 为线路等效电抗，Z_0 为输出负载。分析时假设 $R_1=R_2$，$X_1=X_2$。$U_0<0°$ 为交流母线电压，即负载两端电压；I_{01} 和 I_{02} 为逆变器输出电流幅值，I_0 为负载电流幅值。

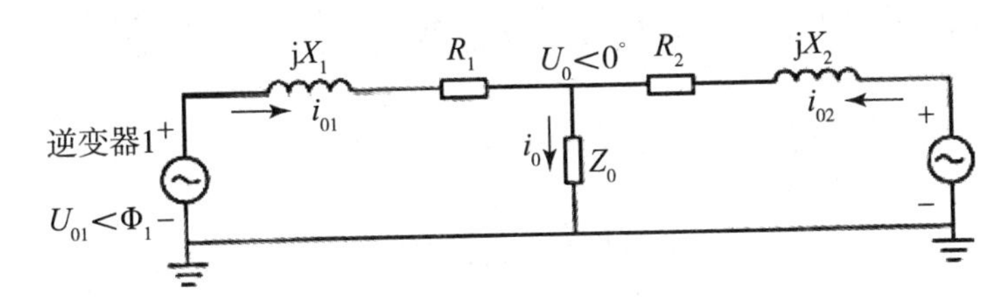

图 4–21　两台逆变器并联运行原理图

根据图 4–21，逆变器 1 的输出电流为

$$\dot{I}_{01}=\frac{U_{01}\left(\cos\Phi_1+\mathrm{j}\sin\Phi_1\right)-U_0}{R_1+jX_1} \tag{4–29}$$

一般线路电阻很小，即 $R_1<<X_1$，可忽略不计，则式（4–29）可化简为

$$\dot{I}_{01}=\frac{U_{01}\sin\Phi_1+\mathrm{j}\left(U_{01}\cos\Phi_1-U_0\right)}{X_1} \tag{4–30}$$

因此，逆变器 1 的输出复功率为

$$S_{01}=P_{01}+jQ_{01}=U_0 i_{01} \tag{4–31}$$

将式（4–30）代入式（4–31），有

$$P_{01}=\frac{U_{01}U_0}{X_1}\sin\Phi_1 \tag{4–32}$$

$$Q_{01}=\frac{U_0\left(U_{01}\cos\Phi_1-U_0\right)}{X_1} \tag{4–33}$$

一般来说，Φ_1 很小，所以 $\sin\Phi 1 \approx \Phi_1$，$\cos\Phi_1 \approx 1$；则式（4-32）、式（4-33）简化为

$$P_{01} = \frac{U_{01}U_0}{X_1}\phi_1 \tag{4-34}$$

$$Q_{01} = \frac{U_0\left(U_{01} - U_0\right)}{X_1} \tag{4-35}$$

由式（4-34）可见，有功功率 P_{01} 是输出电压幅值 U_{01} 和相角 φ1 的函数，取微分，可得

$$\Delta P_{01} = \frac{U_0}{X_1}\left(U_{01}\cdot\Delta\varphi_1 + \varphi_1\cdot\Delta U_{01} + \triangle U_{01}\cdot\Delta\varphi_1\right) \tag{4-36}$$

由于 Φ_1 很小，所以忽略 $\Phi_1\cdot\Delta U_{01}$ 和 $\Delta U_{01}\cdot\Delta\Phi_1$，有

$$\Delta P_{01} = \frac{U_0U_{01}}{X_1}\Delta\varphi_1 \tag{4-37}$$

同理可得

$$\Delta Q_{01} = \frac{U_0}{X_1}\Delta U_{01} \tag{4-38}$$

由式（4-37）和式（4-38）可知，输出电压的相位变化影响其输出有功功率的变化，而输出电压的幅值变化则改变其输出的无功功率。由式（4-34）和式（4-35）可知，相位超前越多的模块，输出的有功功率越大；幅值越大的模块，输出的无功功率则越大。因此，要控制逆变器输出的有功功率和无功功率只需通过调节逆变器的输出电压的幅值和相位即可。一般通过调节输出电压的频率 w 来改变输出电压的相位，进而调节逆变器的输出有功功率。这就是下垂特性法的基本思想，其控制方程式为

$$\omega = \omega_0 - mP \tag{4-39}$$

$$U = U_0 - nQ \tag{4-40}$$

式中：ω_0、U_0——分别为逆变器空载时的频率和电压；

m、n——下垂系数。

式（4-39）和式（4-40）对应的曲线如图 4-22 所示，为典型的下垂特性。

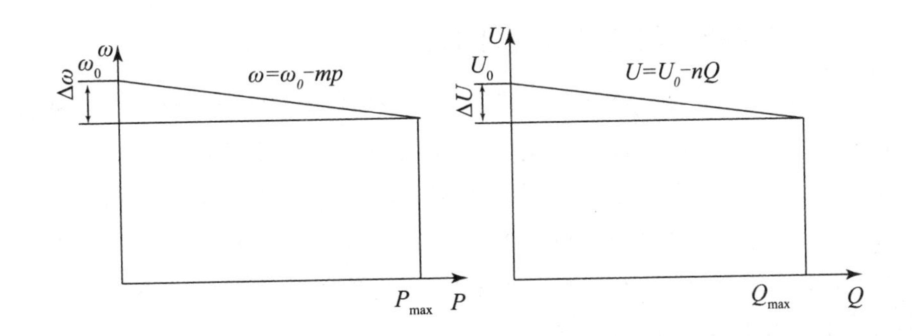

图 4-22　逆变器下垂特性曲线

由图 4-22 和式（4-39）、式（4-40）可知，对于输出有功功率大的逆变器，通过下垂算法其频率将变小，因此相位也将减小，从而使有功功率减小，达到有功功率的平衡；对于输出无功功率大的模块，通过下垂算法，其幅值将减小，进而引起无功功率的下降，达到无功功率的平衡。

4.3.1.3　两种控制方法的比较

无互连线并联控制方法与有互连线并联控制方法相比，具有以下优点：

（1）模块化程度更高。由于无互连线并联控制的各模块间没有信号线相连，各个模块完全独立，是一种完全冗余的并联，其模块化程度更高。

（2）可靠性更高。由于模块间没有关联，因此单个模块的故障不影响系统的工作，大大提高了系统的可靠性。

（3）易扩容和维护。模块间相互独立，因此系统进行容量扩展相当方便，同时维护某个模块也极为便利。

（4）应用前景更广泛。有互连线并联控制的模块间的相互连线是一个不稳定因素，因为一旦连线出现故障，系统也会受到影响。另外，相互间的连线会给系统带来噪声，影响供电质量，同时限制了模块的空间。所有这些缺点无互连线并联控制都不存在，因此无互连线控制的应用前景更被看好。

无互连线控制方法有下列缺点：

（1）控制策略复杂。要达到较高的均流度，经典 *PQ* 法还不够，因此还必须引人一些复杂的控制，如 *PI*、*PD* 以及对 *P*、*Q* 等进行低通滤波等。

（2）成本较高。目前的无互连线并联都是在数字控制的基础上实现的，模拟控制行不通，而有互连线并联控制则可以通过模拟来实现，并且无互连线并联控制对数字芯片的运行速率、采样速率和精度也有较高的要求，一般的数字芯片（如单片机）不能胜任，目前主要用 DSP 芯片来实现，这使得系统的成本相对较高。

4.3.2 逆变器并联的环流及其抑制

电源并联运行的理想状况是并联运行中的多台电源标称额定功率相同，且各台电源输出功率完全一致。对逆变电源来说，就是要求各并联单元输出电压的幅值相同、频率和相位一致。但是由于各种实际因素的影响，这一点是很难做到的。由于各逆变电源输出特性的差异，形成了并联系统中的环流。环流是并联系统难以正常运行的关键所在。因此，有必要对环流的特性进行分析。下面，先对两逆变器并联运行的环流进行分析。

4.3.2.1 逆变器并联的环流分析

对于图 4–21 所示的两台逆变器并联系统来说，环流定义为

$$i_H=\frac{i_{01}-i_{02}}{2} \tag{4–41}$$

同时考虑到

$$i_0=i_{01}+i_{02} \tag{4–42}$$

有

$$\begin{cases}\dot{I}_{01}=\dfrac{\dot{I}}{2}+\dot{I}_H \\ \dot{I}_{02}=\dfrac{\dot{I}_0}{2}-\dot{I}_H\end{cases} \tag{4–43}$$

式（4–43）表明，两电源并联运行时，各电源模块的输出电流由两个部分组成：一部分是供给负载的负载电流 $i_0/2$，另一部分是流通在并联电源之间的环流 i_H。对逆变器来说，前者是相同的分量，由负载决定，体现了各电源模块相互间均分负载的趋势；后者则大小相等，方向相反，由各并联单元输出电压的差异决定，体现了相互间承担负载的不相等。

由图 4–21 可得

$$\begin{cases}\dot{U}_0=\left(\dot{I}_{01}+\dot{I}_{02}\right)Z \\ \dot{I}_{01}=\dfrac{\dot{U}_{01}-\dot{U}_0}{R_1+jX_1} \\ \dot{I}_{02}=\dfrac{\dot{U}_{02}-\dot{U}_0}{R_2+jX_2}\end{cases} \tag{45}$$

方便起见，假设 $z=R+jX=R_1+jX_1=R_2+jX_2$，则有

$$\dot{U}_0=\left(1-\frac{z}{z+z//z_0}\right)\left(\dot{U}_{01}+\dot{U}_{02}\right) \tag{4-45}$$

考虑到一般 $z<<z_0$，则式（4-45）简化为

$$\dot{U}_0=\frac{\dot{U}_{01}+\dot{U}_{02}}{2} \tag{4-46}$$

则根据式（4-41）和式（4-42）有

$$\dot{I}_{\mathrm{H}}=\frac{\dot{I}_{01}-\dot{I}_{02}}{2}=\frac{\dot{U}_{01}-\dot{U}_{02}}{2z} \tag{4-47}$$

综合考虑式（4-44）、式（4-46）和式（4-47），有

$$\begin{aligned}\dot{I}_{\mathrm{H}}&=\frac{\dot{U}_{01}-\dot{U}_{02}}{2z}=\frac{\dot{U}_{01}-\dot{U}_{02}+\left(\dot{U}_{01}+\dot{U}_{02}\right)-\left(\dot{U}_{01}+\dot{U}_{02}\right)}{2z}\\&=\frac{\dot{U}_{01}-\dot{U}_{0}}{z}=\frac{\dot{U}_{01}}{z}-\frac{1}{2z}\left(\dot{U}_{01}+\dot{U}_{02}\right)\end{aligned} \tag{4-48}$$

式（4-48）环流 i_{H} 的特性仅由两逆变器的电压矢量差和等效输出阻抗 z 决定。由于 z 仅为并机等效阻抗，其值非常小，两台逆变电源输出电压矢量在相位、幅值上有所差异时就会在各电源的输出端形成较大的电流，这一电流大部分不经过负载而在电源之间流动。

式（4-43）和式（4-48）体现了环流实际的物理意义。

4.3.2.2　多逆变器并联时的环流分析

可以将式（4-43）和式（4-48）推广到多逆变器并联的情况。对于 n 台逆变器并联的情况，第 n 台逆变器的电流为：

$$\dot{i}_{0n}=\frac{\dot{i}_0}{n}-\dot{i}_{n\mathrm{H}} \tag{4-49}$$

这里的负号只代表一种概念性的意义而不代表实际环流的流向，即环流是电流中的危害成分应该被分离出去，且实际环流的流向要比两逆变器并联时的情况更为复杂。

第 n 台逆变器的环流为

$$\dot{i}_{n\mathrm{H}}=\frac{1}{z}\left(\dot{i}_{0n}-\frac{1}{n}\sum_{k=1}^{n}U_{0\mathrm{k}}\right) \tag{4-50}$$

式（4–50）表明，环流只与电压矢量差和等效输出阻抗有关。

4.3.2.3　环流抑制技术

式（4–48）和式（4–50）已经表明环流只与电压矢量差和等效输出阻抗相关。要实现理想运行，消除环流达到各并联模块输出功率平衡的目的，应从上述两个影响环流的因素着手。因此，抑制环流的方法有如下两种。

（1）加大并机阻抗。加大并机阻抗可以通过设置限流电抗器实现，同时静态开关上的固定压降也可以起到同样的作用，而且这些量并不是很大，因此可以在对输出电压影响不大的前提下提高并联的可靠性。在有变压器隔离的并联系统中，可以用变压器的漏抗作为限流电抗，也可以单独设置限流电抗器。

一方面要使并机阻抗足够大，使得并联运行时的环流小；另一方面出于减小逆变器负载效应的考虑，则希望该阻抗越小越好，这样能够得到更好的输出电压波形。综合上述两方面的考虑，限流电感的大小选取要折中。

虽然加大并机阻抗并不能彻底消除环流（实际上也没有方法能够真正彻底地消除环流），但这种方法简单可靠，并且能够达到相关的指标要求，因此仍然是环流抑制中最重要的技术。

（2）降低电压矢量差。降低电压矢量差同样可以降低环流，这就必须通过控制手段实现。造成电矢量差的原因是各逆变器输出电压的幅值、频率和相位的差异，而相位是频率函数，因此降低电压矢量差的关键问题就是对逆变器输出电压幅值和频率的精确控制。从前面提到的并联控制方法来看，逆变器输出电压和频率的控制又与系统的无功功率和有功功率有关。为此，还需对环流的性质进行进一步研究。

考虑到并联阻抗特性的不确定性，不妨按照极端的情况分析，分析时仍以两逆变器并联为例。

①当 z 主要为感性时，可忽略其电阻 R，则有

$$\dot{i}_{\mathrm{H}}=\frac{\dot{U}_{01}-\dot{U}_{02}}{2z}=\frac{\Delta\dot{U}}{2\mathrm{j}X} \tag{4-51}$$

由式（4–51）可见，当 U_{01}、U_{02} 相位相同而幅值不同时，环流表现为无功功率特性，电压高的模块中环流分量为感性，反之则为容性；当 U_{01}、U_{02} 相位不同但幅值相同时，环流表现为有功功率特性，输出电压超前的模块输送有功功率，而滞后的吸收有功功率。也就是说，环流的有功功率分量与逆变器输出电压相位有关，进而与逆变器输出频率相关；而环流的无功功率则与逆变器输出电压幅值相关。以上结论与式（4–39）和式（4–40）所描述的下垂特性完全

一致，因此不必对其进行修改。

②当 z 为阻性时，可忽略其电抗 X，则有

$$\dot{i}_{\mathrm{H}}=\frac{\dot{U}_{01}-\dot{U}_{02}}{2z}=\frac{\Delta\dot{U}}{2R} \tag{4-52}$$

由式（4–52）可见，当 U_{01}、U_{02} 的相位相同而幅值不同时，环流表现为有功环流的特性，电压高的模块输送有功功率，电压低的模块则吸收有功功率。当 U_{01}、U_{02} 相位不同但幅值相同时，由于相位的差别比较小，可以认为环流主要表现为无功环流的特性，输出电压超前的模块环流为容性，输出电压滞后的则环流为感性。也就是说，环流的无功功率分量与逆变器输出电压相位有关，进而与逆变器输出频率相关；而环流的有功功率则与逆变器输出电压幅值相关。这与传统的下垂控制法完全不同，因此需改用下列新的下垂控制法，即

$$\omega=\omega_0+mQ \tag{4-55}$$

$$U=U_0-nP \tag{4-54}$$

对于更加一般的情况，即 X 与 R 均不可忽略的情况下，需要对下垂特性进行如下改进：

$$\omega=\omega_0-n_2P+m_1Q \tag{4-55}$$

$$U=U_0-n_1P-m_2Q \tag{4-56}$$

式中：m_1、m_2、n_1 和 n_2——新的下垂系数。

从上面的分析可知，并机阻抗的性质对环流有决定性的影响，相应的控制策略也由此决定，因此必须确定实际系统的并机阻抗特性。在得到并机阻抗特性之后，再对下垂控制做相应的改进。

以上对环流的讨论都是基于稳态的，很多条件都是不能满足的。比如，输出电压是不能排除谐波成分的，各逆变器的输出阻抗不可能完全相等，各开关器件的工作负载、开关特性及死区时间等也不可能完全一致。因此，除了前面分析的稳态环流以外，还要考虑到动态环流。动态环流的抑制同样可以通过加大并机电抗和减小电压矢量差来实现。其中，在减少电压矢量差方面，上面所述的各种稳态下垂控制都不能满足要求，必须在特性方程中加入积分和微分的环节。

上面讨论的主要是无互连线并联控制时的均流问题，对于有互连线并联控制的均流问题，则可以通过各逆变器单元间的信息联系去处理，其控制方法更加灵活，效果也更好。

4.3.3 功率计算方法

4.3.3.1 电压电流相移法

对于单相系统，参照 IEEE 为仪表设计而制定的试用版标准 IEEE Std 1 459—2000 中的功率测量，得到如下功率计算公式：

$$P=ui \tag{4-57}$$

$$P=\frac{1}{kT}\int_{\tau}^{\tau+kT}p\,\mathrm{d}t \tag{4-58}$$

$$Q=\frac{\omega}{kT}\int_{\tau}^{\tau+kT}i\left[\int u\,\mathrm{d}t\right]\mathrm{d}t \tag{4-59}$$

式中：u、i——瞬时电压和电流；

p——瞬时功率；

P、Q——有功功率和无功功率；

T——基波周期。

式（4-57）～式（4-59）是适用于各种具有周期性波形的功率计算，对以上各式进一步变形，可得

$$\begin{cases}P=\dfrac{1}{T}\displaystyle\int_{0}^{T}ui\,\mathrm{d}t\\ Q=\dfrac{2\pi}{T^{2}}\displaystyle\int_{0}^{T}\left(\int u\,\mathrm{d}t\right)i\,\mathrm{d}t\end{cases} \tag{4-60}$$

将式（4-60）离散化，并考虑正弦波的对称性，有

$$\begin{cases}P=\dfrac{1}{N}\displaystyle\sum_{k=1}^{N}u(k)i(k)\\ Q=\dfrac{1}{N}\displaystyle\sum_{k=1}^{N}u(k)i\left(k+\dfrac{N}{4}\right)\end{cases} \tag{4-61}$$

式中：N——一个周期内的采样点数。

由式（4-61）可见，有功功率为瞬时采样电压与采样电流相乘，经过累加后取平均值；而无功功率则为本时刻电压与 1/4 周期前的电流相乘，即本时刻电压与超前 90° 的电流相乘，然后累加后取平均值。由于在这种算法中，瞬时电压需要与移位的瞬时电流相乘，因此将其称为电压电流相移法。由于无功功率需要与 1/4 周期前的电流相乘，因此需要对前 1/4 周期的电流进行存储。

4.3.3.2　双表计算法

对于单相系统，瞬时电压和瞬时电流的表达式为

$$\begin{cases} u = U_{\mathrm{m}} \sin\left(\omega t + \theta_{\mathrm{u}}\right) \\ i = I_{\mathrm{m}} \sin\left(\omega t + \theta_{\mathrm{i}}\right) \end{cases} \tag{4-62}$$

式中：U_{m}、I_{m}——电压和电流的幅值；

ω——角频率；

θ_{u}、θ_{i}——电压、电流相角。

对电压和电流分别求一阶傅立叶系数，有

$$\begin{cases} U_{\mathrm{u}} = \dfrac{1}{2\pi}\displaystyle\int_0^{2\pi} u \cos\omega t \,\mathrm{d}\omega t = \dfrac{1}{2} U_{\mathrm{m}} \cos\theta_{\mathrm{u}} \\ U_{\mathrm{i}} = \dfrac{1}{2\pi}\displaystyle\int_0^{2\pi} u \sin\omega t \,\mathrm{d}\omega t = \dfrac{1}{2} U_{\mathrm{m}} \sin\theta_{\mathrm{u}} \\ I_{\mathrm{u}} = \dfrac{1}{2\pi}\displaystyle\int_0^{2\pi} i \cos\omega t \,\mathrm{d}\omega t = \dfrac{1}{2} I_{\mathrm{m}} \cos\theta_{\mathrm{u}} \\ I_{\mathrm{i}} = \dfrac{1}{2\pi}\displaystyle\int_0^{2\pi} i \sin\omega t \,\mathrm{d}\omega t = \dfrac{1}{2} I_{\mathrm{m}} \sin\theta_{\mathrm{u}} \end{cases} \tag{4-63}$$

根据电工理论，有

$$P = \frac{U_{\mathrm{m}}}{\sqrt{2}} \cdot \frac{I_{\mathrm{m}}}{\sqrt{2}} \cos\left(\theta_{\mathrm{u}} - \theta_{\mathrm{i}}\right) = \frac{U_{\mathrm{m}} I_{\mathrm{m}}}{2}\left(\cos\theta_{\mathrm{u}} \cos\theta_{\mathrm{i}} + \sin\theta_{\mathrm{u}} \sin\theta_{i}\right) = 2\left(U_{\mathrm{u}} I_{\mathrm{u}} + U_{\mathrm{i}} I_{\mathrm{i}}\right) \tag{4-64}$$

$$Q = \frac{U_{\mathrm{m}}}{\sqrt{2}} \cdot \frac{I_{\mathrm{m}}}{\sqrt{2}} \sin\left(\theta_{\mathrm{u}} - \theta_{\mathrm{i}}\right) = \frac{U_{\mathrm{m}} I_{\mathrm{m}}}{2}\left(\sin\theta_{\mathrm{u}} \cos\theta_{\mathrm{i}} - \cos\theta_{\mathrm{a}} \sin\theta_{\mathrm{i}}\right) = 2\left(U_{\mathrm{u}} I_{\mathrm{i}} - U_{\mathrm{i}} I_{\mathrm{u}}\right) \tag{4-65}$$

由式（4-64）和式（4-65）可知，要计算 P、Q，必须先计算出 U_{u}、U_{i}、I_{u} 和 I_{i}。将式（4-63）离散化，则可得到 U_{u}、U_{i}、I_{u} 和 I_{i} 的实际计算公式：

$$\begin{cases} U_{u} = \dfrac{1}{N}\displaystyle\sum_{k=0}^{N-1} u(k) \cdot \cos\theta_{\mathrm{k}} \\ U_{\mathrm{i}} = \dfrac{1}{N}\displaystyle\sum_{k=0}^{N-1} u(k) \cdot \sin\theta_{\mathrm{k}} \\ I_{\mathrm{u}} = \dfrac{1}{N}\displaystyle\sum_{k=0}^{N-1} i(k) \cdot \cos\theta_{\mathrm{k}} \\ I_{\mathrm{i}} = \dfrac{1}{N}\displaystyle\sum_{k=0}^{N-1} i(k) \cdot \sin\theta_{\mathrm{k}} \end{cases} \tag{4-66}$$

因此，U_u是采样电压瞬时值与余弦表相乘，然后累加后平均所得；U_i是采样电压瞬时值与正弦表相乘，然后累加后平均所得；I_u是采样电流瞬时值与余弦表相乘，然后累加后平均所得；I_i是采样电流瞬时值与正弦表相乘，然后累加后平均所得。显然，要想计算这 4 个量，程序中需要一个正弦表和一个余弦表，因此这种方法叫作双表计算法。

4.4 逆变器控制策略

4.4.1 控制策略概述

由于电力电子器件的存在，逆变器的数学模型具有高阶、时变、非线性和强耦合的特点。针对逆变器的这些特点，其控制策略总体上可分为两大类：一类是线性控制策略。线性控制策略的基本思路是将逆变器的数学模型线性化，再经降阶、解耦，使其简化为较简单的线性系统，使用通用的线性控制理论实施控制。另一类是非线性控制策略。非线性控制策略则不需要提取逆变器的数学模型或者是不必对其数学模型进行线性化，而是直接给出非线性的控制方法。在工程实际中，线性控制策略使用得更多。

线性控制策略中最常用的控制技术就是 PI 控制。对于一个线性的控制对象 $G(s)$，采用控制器 $G_C(s)$ 进行闭环控制，其原理框图如图 4–23 所示。

根据图 4–20 可得到其闭环传递函数：

$$\frac{U_o(s)}{U_{ref}(s)}=\frac{G_c(s)G(s)}{G_c(s)G(s)+1} \tag{4-67}$$

误差量的象函数为

$$E_r(s)=U_{ref}(s)-U_o(s)=\frac{1}{G_c(s)G(s)+1}U_{ref}(s) \tag{4-68}$$

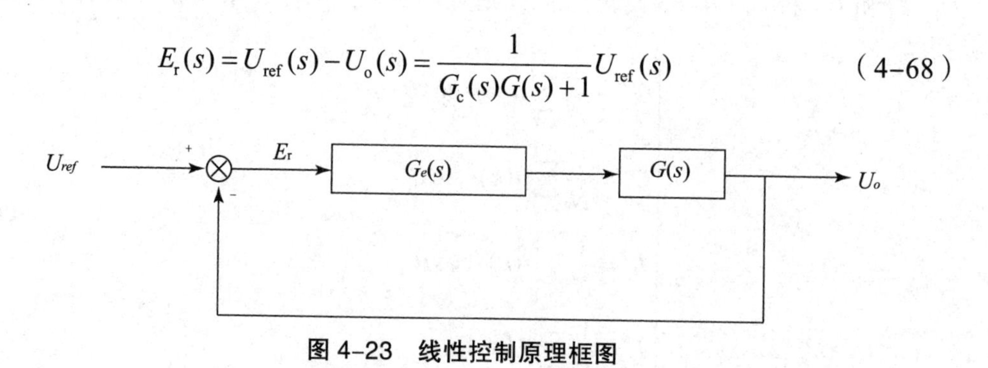

图 4–23 线性控制原理框图

一般而言，对于典型信号，如阶跃信号、斜坡信号和抛物线信号，往往利用拉普拉斯变换终值定理对系统稳态误差进行量化分析。但是，利用拉普拉斯变换终值定理求解稳态误差终值的前提条件是 $sE_r(s)$ 在 s 平面的右半部分及虚轴上，除了坐标原点是孤立点以外，其他点必须全部解析，即 $sE_r(s)$ 的全部极点除坐标原点外应全部分布在 s 平面左半部分。

对于逆变器而言，其输出电压指定量为交流量 $U_{ref}(t)=sin\omega t$，其对应的象函数为 $U_{ref}(s)=\frac{\omega}{s^2+\omega^2}$。可见 $U_{ref}(s)$ 在 s 平面的全部虚轴上不解析，导致 $sE_r(s)$ 不满足上述条件。因此不能采用拉普拉斯变换终值定理求解交流量的稳态误差。

从线性系统叠加定理和频域角度出发，可以按以下方法求解交流量控制的稳态误差。假设给定量为交流量 $sin(\omega_0 t)$，在频域中，其只在频率 ω_0 处有幅频响应，在其他频率处的幅频响应均为 0。根据复变函数理论和式（4–68）可知，误差的幅频特性 $|E_r(s)|$ 也为 0，而在频率 ω_0 处 $U_{ref}(s)$ 幅频特性为 1（交流信号幅值）。因此，若要实现误差的零稳态幅值误差控制，则必须满足：

$$\left|\frac{1}{G_c(s)G(s)+1}\right|_{s=j\omega_0}=0 \tag{4-69}$$

也即

$$\left|G_c(s)G(s)+1\right|_{s=j\omega_0}\to\infty \tag{4-70}$$

对于一般性的 $G(s)$ 来说，只有当 $|G_C(s)|_{s=j\omega_0}\to\infty$ 时式（4–70）才能成立。也就是说，零稳态误差控制的条件是控制器 $G_C(s)$ 在交流给定量频率 ω_0 处有无穷大的增益。

最常见的线性控制器 PI 控制器 $G_C(s)=k_p+k_i/s$（k_p 和 k_i 分别为比例和积分系数）可实现直流量的零稳态误差控制。其原因是 PI 控制对于直流量输入（相当于 $\omega_0=0$）的增益为 $|k_p+k_i/0|$，具有无穷大增益。而对于交流量，*PI* 控制在交流量频率 ω_0 处的增益为 $|k_p+k_i/j\omega_0|$，不具有无穷大特性，因此不能实现交流量的零稳态误差控制。当然 k_p 或 k_i 越大，交流量控制的稳态误差越小，但系统的稳定裕度也将变小，过大的 k_p 或 k_i 将导致系统不稳定。

解决 PI 控制不能实现交流量零稳态误差控制的问题，有两种基本思路：一种思路是设法将交流量变换为直流量，这样就可以应用 PI 控制实现零稳态误差控制，这种方法需要进行坐标变换，因此可称为坐标变换法；另一种思路是采用其他的控制器，这里通称为非坐标变换法。

上面谈到的是线性控制策略。非线性控制策略也有很多，如滞环控制、变结构控制等。下文将对上述控制方案分别进行介绍。同时，前面提到的逆变器控制都是假定直流侧电压稳定情况下对交流侧实施的控制策略，而在光伏发电系统中，由于光伏阵列输出的随机性，这个假定并不能保证。因为直流侧的波动会在交流侧引入低次谐波，导致波形畸变，因此必须对其进行有效抑制。

4.4.2 坐标变换法线性控制

逆变器的坐标变换法线性控制来源于三相电机的矢量控制，现在已经扩展到常规应用的三相变流器。对于单相逆变器，也可以构造伪坐标系，以实现坐标变换法线性控制。

4.4.2.1 三相电压型桥式并网逆变器的数学模型

三相电压型桥式并网逆变器的典型拓扑结构如图 4-24 所示。图中采用的是三相电压型桥式并网逆变器，滤波器为单电感滤波器，三相电感均为 L，R 为线路电阻，e_a、e_b 和 e_c 为三相交流电源，i_a、i_b 和 i_c 为三相并网电流，E 为直流电源，N 为直流侧虚拟中点，O 为交流侧中点。对于其他形式的拓扑结构，以下的分析只需进行拓扑方面的相应改变即可，基本原理相同。

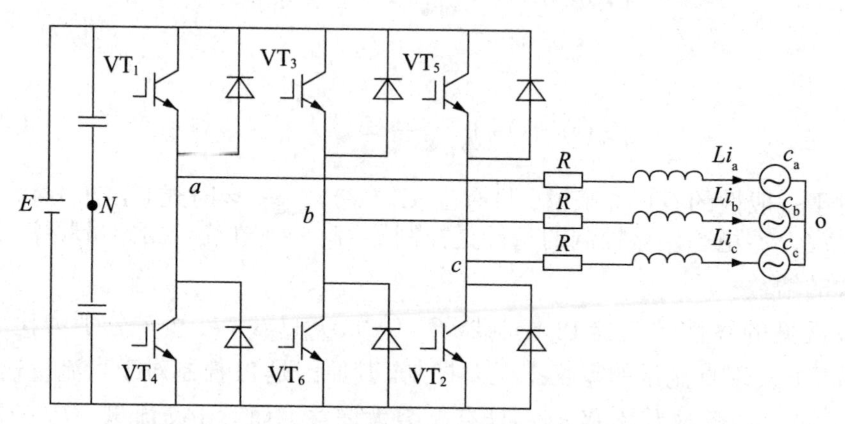

图 4-24 三相电压型桥式并网逆变器的典型拓扑结构

由图 4-24 可得到三相电感的回路方程：

$$\begin{bmatrix} u_{ao} \\ u_{bo} \\ u_{co} \end{bmatrix} = L\frac{\mathrm{d}}{\mathrm{d}t}\begin{bmatrix} i_a \\ i_b \\ i_c \end{bmatrix} + R\begin{bmatrix} i_a \\ i_b \\ i_e \end{bmatrix} + \begin{bmatrix} e_a \\ e_b \\ e_c \end{bmatrix} \tag{4-71}$$

同时

$$\begin{bmatrix} u_{\mathrm{ao}} \\ u_{\mathrm{bo}} \\ u_{\mathrm{co}} \end{bmatrix} = \begin{bmatrix} u_{\mathrm{aN}} - U_{\mathrm{N_0}} \\ u_{\mathrm{bN}} - U_{\mathrm{N_0}} \\ u_{\mathrm{cN}} - U_{\mathrm{N_0}} \end{bmatrix} \tag{4-72}$$

在三相三线系统中，三相电流之和为零，所以有

$$i_{\mathrm{a}}+i_{\mathrm{b}}+i_{\mathrm{c}}=0 \tag{4-73}$$

在三相电网电压对称的条件下有

$$e_{\mathrm{a}}+e_{\mathrm{b}}+e_{\mathrm{c}}=0 \tag{4-74}$$

将式（4–73）和式（4–74）代入式（4–71），化简得

$$U_{\mathrm{ao}}+u_{\mathrm{bo}}+u_{\mathrm{co}}=0 \tag{4-75}$$

将式（4–75）代入式（4–72），得

$$u_{\mathrm{N_0}} = \frac{u_{\mathrm{aN}} + u_{\mathrm{bN}} + u_{\mathrm{cN}}}{3} \tag{4-76}$$

设逆变器的三相调制信号为 u_{ma}、u_{mb} 和 u_{mc}，根据三相双极性 SPWM 原理，必有

$$u_{\mathrm{ma}} + u_{\mathrm{mb}} + u_{\mathrm{mc}} = 0 \tag{4-77}$$

如果忽略 u_{aN}、u_{bN} 和 u_{cN} 的中高频谐波成分，只考虑基波，有

$$\begin{bmatrix} u_{\mathrm{aN}} \\ u_{\mathrm{bN}} \\ u_{\mathrm{eN}} \end{bmatrix} = \frac{E}{2} \begin{bmatrix} u_{\mathrm{ma}} \\ u_{\mathrm{mb}} \\ u_{\mathrm{mc}} \end{bmatrix} \tag{4-78}$$

式中：$E/2$ 是对于 SPWM 而言的，对于 SVM 则应为 E/3。

综合考虑式（4–71）、式（4–72）、式（4–76）、式（4–77）和式（4–78），有

$$L\frac{\mathrm{d}}{\mathrm{d}t}\begin{bmatrix} i_{\mathrm{a}} \\ i_{\mathrm{b}} \\ i_{\mathrm{e}} \end{bmatrix} = \begin{bmatrix} -R & 0 & 0 \\ 0 & -R & 0 \\ 0 & 0 & -R \end{bmatrix} \begin{bmatrix} i_{\mathrm{a}} \\ i_{\mathrm{b}} \\ i_{\mathrm{e}} \end{bmatrix} - \frac{E}{2} \begin{bmatrix} u_{\mathrm{ma}} \\ u_{\mathrm{mb}} \\ u_{\mathrm{me}} \end{bmatrix} - \begin{bmatrix} e_{\mathrm{a}} \\ e_{\mathrm{b}} \\ e_{\mathrm{e}} \end{bmatrix} \tag{4-79}$$

式（4–79）就是三相静止坐标系下三相并网逆变器的数学模型。可见，在三相静止坐标系下，三相之间是相互解耦的。

为了简化控制，引入三相静止坐标系到两相静止坐标系的变换关系式：

$$\begin{bmatrix} \chi_{\alpha} \\ \chi_{\beta} \end{bmatrix} = \sqrt{\frac{2}{3}} \begin{bmatrix} 1 & -1/2 & -1/2 \\ 0 & \sqrt{3}/2 & -\sqrt{3}/2 \end{bmatrix} \cdot \begin{bmatrix} \chi_{a} \\ \chi_{b} \\ \chi_{c} \end{bmatrix} = C_{3s/2s} \begin{bmatrix} \chi_{a} \\ \chi_{b} \\ \chi_{c} \end{bmatrix} \tag{4-80}$$

其逆变换为

$$\begin{bmatrix} \chi_{a} \\ \chi_{b} \\ \chi_{c} \end{bmatrix} = C_{3s/2s}^{-1} \cdot \begin{bmatrix} \chi_{\alpha} \\ \chi_{\beta} \end{bmatrix} = \sqrt{\frac{2}{3}} \begin{bmatrix} 1 & 0 \\ -\frac{1}{2} & \frac{\sqrt{3}}{2} \\ -\frac{1}{2} & -\frac{\sqrt{3}}{2} \end{bmatrix} \cdot \begin{bmatrix} \chi_{\alpha} \\ \chi_{\beta} \end{bmatrix} = C_{2s/3s} \left[\begin{bmatrix} \chi_{\alpha} \\ \chi_{\beta} \end{bmatrix} \right] \tag{4-81}$$

将式（4–79）按式（4–80）进行代换，整理得到两相静止坐标系下三相并网逆变器的数学模型：

$$L\frac{\mathrm{d}}{\mathrm{d}t}\begin{bmatrix} i_{\alpha} \\ i_{\beta} \end{bmatrix} = \begin{bmatrix} -R_{s} & 0 \\ 0 & -R_{s} \end{bmatrix} \cdot \begin{bmatrix} i_{\alpha} \\ i_{\beta} \end{bmatrix} - \begin{bmatrix} u_{\alpha} \\ u_{\beta} \end{bmatrix} - \begin{bmatrix} e_{\alpha} \\ e_{\beta} \end{bmatrix} \tag{4-82}$$

可见，在两相静止坐标系下，两相之间仍然是相互解耦的。

通过坐标转换，可得到两相旋转坐标系下三相并网逆变器的数学模型。从两相静止坐标系到两相旋转坐标系的变换关系式为

$$\begin{bmatrix} \chi_{d} \\ \chi_{q} \end{bmatrix} = \begin{bmatrix} \cos(\omega t) & \sin(\omega t) \\ -\sin(\omega t) & \cos(\omega t) \end{bmatrix} \begin{bmatrix} \chi_{\alpha} \\ \chi_{\beta} \end{bmatrix} = C_{2s/2r} \begin{bmatrix} \chi_{\alpha} \\ \chi_{\beta} \end{bmatrix} \tag{4-83}$$

$$\begin{bmatrix} \chi_{\alpha} \\ \chi_{\beta} \end{bmatrix} = C_{2s/2r}^{-1} \begin{bmatrix} \chi_{d} \\ \chi_{q} \end{bmatrix} = \begin{bmatrix} \cos(\omega t) & -\sin(\omega t) \\ \sin(\omega t) & \cos(\omega t) \end{bmatrix} \begin{bmatrix} \chi_{d} \\ \chi_{q} \end{bmatrix} = C_{2r/2s} \begin{bmatrix} \chi_{d} \\ \chi_{q} \end{bmatrix} \tag{4-84}$$

将式（4–80）代入式（4–83），可得从三相静止坐标系到两相旋转坐标系的变换关系式：

$$C_{3s/2r} = C_{2s/2r} C_{3s/2s} = \sqrt{\frac{2}{3}} \begin{bmatrix} \cos(\omega t) & \cos\left(\omega t - \frac{2\pi}{3}\right) & \cos\left(\omega t + \frac{2\pi}{3}\right) \\ -\sin(\omega t) & -\sin\left(\omega t - \frac{2\pi}{3}\right) & -\sin\left(\omega t + \frac{2\pi}{3}\right) \end{bmatrix} \tag{4-85}$$

将式（4–83）代入式（4–82），整理得到两相旋转坐标系下三相并网逆

变器的数学模型：

$$L\frac{\mathrm{d}}{\mathrm{d}t}\begin{bmatrix} i_{\mathrm{d}} \\ i_{\mathrm{q}} \end{bmatrix}=\begin{bmatrix} -R_{\mathrm{s}} & \omega L \\ -\omega L & -R_{\mathrm{s}} \end{bmatrix}\cdot\begin{bmatrix} i_{\mathrm{d}} \\ i_{\mathrm{q}} \end{bmatrix}-\frac{E}{2}\begin{bmatrix} u_{\mathrm{d}} \\ u_{\mathrm{q}} \end{bmatrix}-\begin{bmatrix} e_{\mathrm{d}} \\ e_{\mathrm{q}} \end{bmatrix} \tag{4-86}$$

但需要注意的是，静止坐标系相互解耦的状态方程经过坐标旋转变换后就相互耦合了。

式（4–86）表明，三相并网逆变器是一个多变量输入非线性强耦合的系统，必须对其进行线性化，才能使用线性控制理论的方法对其进行控制。常用的线性化方法是小信号模型分析法。

先定义如下：

$$\begin{aligned} i_{\mathrm{d}} &= i_{\mathrm{d0}} + \Delta i_{\mathrm{d}} \\ i_{\mathrm{q}} &= i_{\mathrm{q0}} + \Delta i_{\mathrm{q}} \\ u_{\mathrm{d}} &= u_{\mathrm{d0}} + \Delta u_{\mathrm{d}} \\ u_{\mathrm{q}} &= u_{\mathrm{q0}} + \Delta u_{\mathrm{q}} \end{aligned} \tag{4-87}$$

式中：i_{d0}、i_{q0}、u_{d0} 和 u_{q0}——系统在稳定工作点的稳态量；

Δi_{d}、Δi_{q}、Δu_{d} 和 Δu_{q}——稳态工作点附近的扰动量。

将式（88）代入式（87），分离稳态量和扰动量（小信号量），忽略高频分量，并假设交流电源电压为恒定量，可得到系统的小信号模型：

$$L\frac{\mathrm{d}}{\mathrm{d}t}\begin{bmatrix} \Delta i_{\mathrm{d}} \\ \Delta i_{\mathrm{q}} \end{bmatrix}=\begin{bmatrix} -R_{\mathrm{S}} & \omega L \\ -\omega L & -R_{\mathrm{S}} \end{bmatrix}\cdot\begin{bmatrix} \Delta i_{\mathrm{d}} \\ \Delta i_{\mathrm{q}} \end{bmatrix}-\frac{E}{2}\begin{bmatrix} \Delta u_{\mathrm{d}} \\ \Delta u_{\mathrm{q}} \end{bmatrix} \tag{4-88}$$

式（4–88）已经成为线性系统，其中所有的变量也都转化为直流量。因此可用常规的 PI 控制对系统进行控制。式（4–88）中的控制量为增量 Δu_{d} 和 Δu_{q}，在实际控制中应根据式（4–87）转化为绝对量。

4.4.2.2 非解耦电流控制

并网逆变器的控制有电流型和电压型两种，不论哪种类型都需要对逆变器的电流进行闭环控制。电流型控制不必多讲，电压型控制中也必须加入电流内环以增强系统的快速性和抗干扰性。

从式（4–86）可以看出，两个电流分量 i_{d} 和 i_{q} 相互有耦合关系。如果忽略这个耦合关系（考虑到耦合关系可视为前向通道上的干扰，这种忽略在一定程度是可以的），则逆变器的传递函数可简化为由电感 L 和线路电阻 R 构成的一阶惯性环节。

在设计过程中，因为 d 轴、q 轴的结构完全相同，可以采用相同类型的调节器，电流环在突加控制作用时不希望有超调量，或者希望超调量越小越好，从这个观点出发，应该把电流环设计成典型的Ⅰ型系统。电流环还有对输入电压波动及时调节的作用，为了提高其抗扰动性能，也可以把电流环设计成为典型的Ⅱ型系统。对于变流器而言，开关频率和电流采样频率较高，典型Ⅰ系统的抗扰恢复时间可以接受，下边按照典型Ⅰ型系统设计电流环。电流环控制系统结构如图 4-25 所示。图中，T_{oi} 为电流反馈滤波时间常数，T_s 为电流内环采样周期。为了进一步简化调节器设计和抑制电流超调，增加了滤波环节。

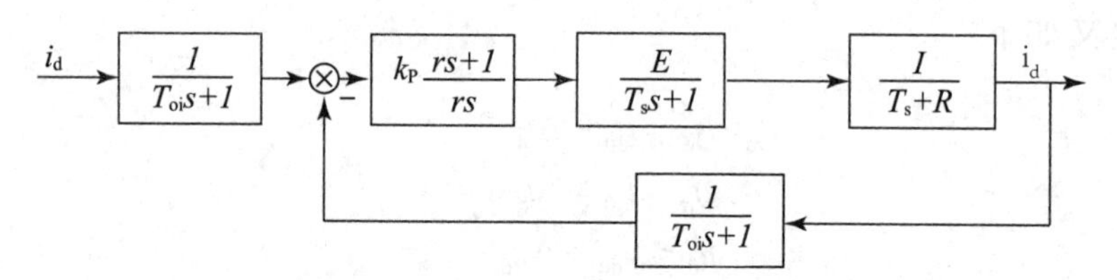

图 4-25　电流环控制系统结构

当不考虑输出电压影响时，忽略开关导通电压降，选择阻尼系数 ζ=0.707，此时动态响应应略有超调。为了让调节器零点抵消控制对象大时间常数极点，得到 PI 调节器的积分时间常数 τ 为：

$$\tau=\frac{L}{R} \tag{4-89}$$

根据最优工程设计法，比例系数 k_p 与小时间常数的关系为

$$T_{\Sigma i}=\frac{\tau R}{2k_p E} \tag{4-90}$$

式中：小时间常数之和，$T_{\Sigma i}=T_{oi}+T_s$。

于是，调节器比例系数为

$$k_p=\frac{\tau R}{2T_{\Sigma i}E} \tag{4-91}$$

4.4.3　非坐标变换法线性控制

所谓非坐标变换法线性控制，是指不经坐标变换，直接在静止坐标系下采用线性控制。在这种情况下常规 PI 控制不能消除交流量稳态误差，因此需要

采用其他的控制算法，如重复控制、二自由度 PI 控制、比例谐振控制和比例复数积分控制等。

4.4.3.1　重复控制

（1）重复控制原理。重复控制是基于内模原理的一种控制思想。所谓内模，是指在稳定的闭环控制系统中包含外部输入信号的数学模型。就一个控制系统而言，如果控制器的反馈来自被调节的信号，且在反馈回路中包含相同的被控外部信号动态模型，那么整个系统是结构稳定的。内模原理的本质是把系统外部信号的动力学模型植入控制器，以构成高精确度的反馈控制系统。积分控制就是内模原理的一个应用。一个稳定的反馈控制系统，如果其前向通道包含积分环节，则该系统对阶跃指令可以做到无静差，同时可以完全抵消所有作用于积分环节之后的阶跃型扰动对稳态输出的影响。因此，积分环节是描述阶跃信号的数学模型。

如果系统的给定信号或扰动信号为正弦信号，可以在控制器中植入一个与指令同频率的正弦信号模型，即可实现系统的无静差跟踪。

$$G_{\mathrm{m}}(s)=\frac{\omega}{s^2+\omega^2} \tag{4-92}$$

逆变器控制系统是一个给定信号正弦函数变化的系统，当负载为线性时，其扰动是按角频率 ω 正弦规律变化的。一个稳定的、包含式（4-92）所示内模的逆变器控制系统是无静差的。然而逆变器的实际运行情况要复杂得多。在非线性负载条件下，负载电流是非正弦的，其中蕴含了基波以及谐波。另外，像死区这样的非线性因素，也可等效为多重谐波扰动的叠加。因此，实际的扰动是多种多样的，如果要求对这些扰动均实现无静差，将意味着每一次谐波都要设置一重内模，这将导致控制系统过于复杂，降低工程实用价值。

对非线性负载和死区效应引起的扰动进行分析可以发现，这两种情况引起的干扰信号有两个特点：一是重复性，二是它们都是给定信号的谐波。因此，扰动信号在每个基波周期内都以完全相同的波形出现。由于以上原因，基于内模原理的重复控制技术将利用与式（4-92）不同的另一种重复信号发生器内模，其传递函数为

$$G(s)=\frac{e^{-\mathrm{L}s}}{1-e^{-\mathrm{L}s}} \tag{4-93}$$

式中：L——逆变器的输出基波周期。

这是一个周期延迟正反馈环节，其结构框图如图 4–26 所示。不论输入信号如何，只要是以基波周期出现，该内模的输出就是对输入信号的逐周期累加。之所以称之为重复信号发生器，是因为即使输入衰减至 0，该内模仍然会持续不断地逐周期重复输出与上一周期波形相同的信号，相当于任意信号发生器。所以，当这样一个环节被置于反馈控制系统的前向通道时，它起到的作用与积分环节是相似的，它们都是对误差的一种累加效果。只不过重复信号发生器是对误差进行以周期为步长的累加，而积分环节是对误差进行连续时间的累加。与积分控制的机理类似，包含重复信号发生器的逆变器控制系统，当指令波形和反馈波形不一致时，在未达到限幅的情况下，控制量幅度会逐周期地增长。因此，若系统是稳定的，则可以断定稳态时波形误差为 0。

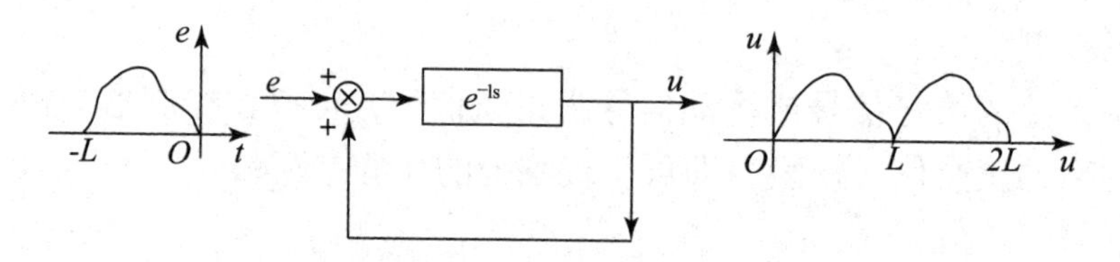

图 4–26 重复信号发生器结构框图

采用式（4–93）所示内模形式的闭环系统称为重复控制系统。由于式（4–93）中纯延时环节 e^{-ls} 难以用模拟器件实现，因此在实际应用中，重复控制都是以离散的数字控制实现的，其离散传递函数为

$$G(z)=\frac{z^{-N}}{1-z^{-N}} \tag{4–94}$$

式中：N——一个基波周期内的采样次数。

理想的重复控制系统的结构框图如图 4–27 所示，其中 $P(z)$ 为被控对象传递函数。

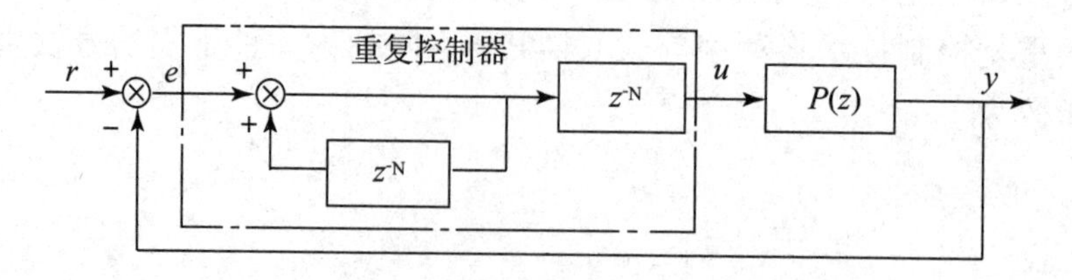

图 4–27 理想的重复控制系统的结构框图

图 4–27 所示的重复控制器可视为以周期为步长的纯积分环节。虽然这种纯积分可以实现理论上的无静差，但是将会给系统带来 N 个位于单位圆上的开环极点，从而使开环系统呈现临界振荡状态。此时只要控制对象的建模稍有偏差，或者控制对象参数稍有变化，闭环系统就很可能失去稳定。因此，实际系统多采用改进的重复控制器，如图 4–28 所示。

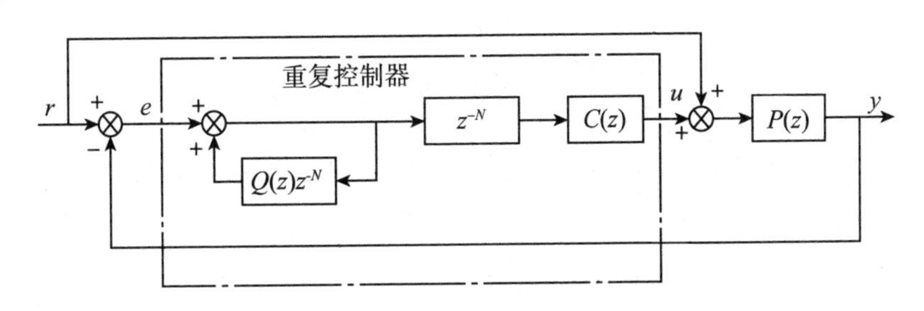

图 4–28　改进的重复控制器

为了改善输出量指令的跟踪速度将受到重复控制器的限制，图 4–28 的控制方案中增加了参考指令的前馈通道。这样的控制结构被称为嵌入式结构。改进的重复控制器各组成部分分别为：

①周期延迟环节 z^{-N}。周期延时环节 z^{-N} 使控制动作延迟一个周期进行，即本周期检测到的误差信息在下一周期才能得到校正。

②滤波器 $Q(z)$。重复控制中等效的纯积分环节相当于 $Q(z)=1$。为避免闭环系统失去稳定性，实际应用中 $Q(z)$ 常常被设计成略小于 1 的常数，如 0.95 或低通滤波器形式。当被设计成低通滤波时，$Q(z)$ 的一般形式为 $Q(z)z^{-K+M}$。其中，K 为一个周期内系统采样次数，z^{-K+M} 为对低通滤波器的相位滞后补偿。采用滤波器 $Q(z)$ 提高了系统的稳定性，但是牺牲了无静差特性，使纯积分便成了准积分。

③补偿器 $C(z)$。补偿器 $C(z)$ 是针对控制对象 $P(z)$ 的特性而设计的，其作用是提供相位补偿和幅值补偿，以保证重复控制系统稳定，并在此基础上改善校正效果。

（2）单相全桥无源逆变器的重复控制。下文以单相全桥无源逆变器（图 4–29）为例介绍重复控制的基本设计思路。对于并网逆变器来说，其基本思路完全一致。

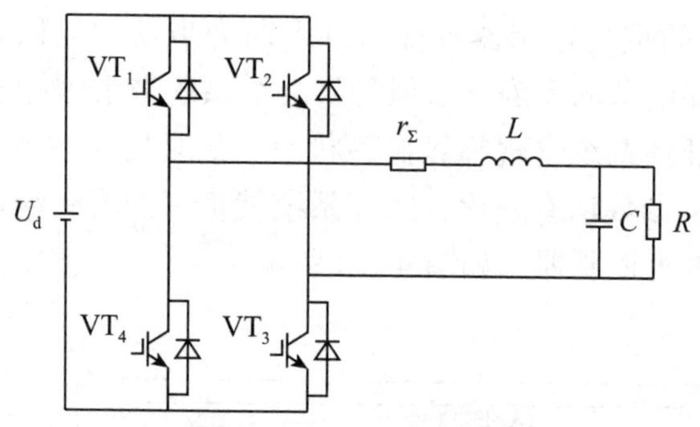

图 4-29　单相全桥无源逆变器

负载为 RLC 二阶电路，忽略电感 L 支路等效电阻 r_Σ，其传递函数为

$$P(s)=\frac{1}{LCs^2+\frac{R}{L}s+1} \tag{4-95}$$

利用双线性变换，对式（4–95）离散化，有

$$P(z)=\frac{RT^2(1+z)}{\left(4RLC+2LT+RT^2\right)z^2+\left(2RT^2-8RLC\right)z+4RLC-2LT+RT^2} \tag{4-96}$$

式中：T——采样频率。

①选取滤波器 $Q(z)$。通常 $Q(z)$ 取小于 1 的常数，$Q(z)$ 越小越能够增强系统的鲁棒性，但是同时稳态误差精度就越差；$Q(z)$ 越大越能提高稳态误差精确度，提高系统的输出波形质量，但也越易造成系统振荡。初步选择 $Q(z)$ 为 0.95。

②确定补偿器 $C(z)$。补偿器具有两个主要功能，即相位补偿功能和幅值补偿功能。理想状态下，可采用零极点对消法设计补偿器，但这种方法设计的补偿器极点就是受控对象的零点，当零点在单位圆外或单位圆上时，所设计的补偿器不太稳定。因此，这种情况下不能采用对受控对象 $P(z)$ 直接求逆的方法设计 $C(z)$。此外，在实际应用中，控制对象的精确模型很难获得，而且模型参数也不可能保持不变，所以实际模型与所获得的模型总有一定偏差，这些都将导致补偿器控制效果变差，甚至导致系统不稳定。为了弥补这个缺点，采用的折中办法是，放弃对被控模型全频段对消，而只对其中低频段对消。设计过程如下：

a. 测取对象频率特性，可以选择理论分析、仿真或实验手段。

b. 设计补偿器第一部分。根据对象的幅频特性选取合适的补偿器，使得补偿后的对象中低频增益约为 1（中低频幅频对消）。

c. 设计补偿器第二部分。用于抵消被控对象的谐振峰值，使之不破坏系统的稳定性。

d. 将补偿器和对象的相频特性叠加，据此结合系统的采样频率选择合适的超前步长 k，使得在整个中低频段内前相通道的总相移尽量小。

e. 选择合适的 K_r。K_r 的可选范围为 0 ～ 1。减小 K_r 则增益稳定裕量增大，但会造成收敛速度变慢，稳态误差上升。

f. 校验系统稳定性。

综上所述，补偿器 $C(z)$ 可以采用以下形式：

$$C(z)=K_r z^k S(z) \tag{4-97}$$

式中：z^k——起相位补偿作用的超前环节；

K_r——重复控制器增益；

$S(z)$——补偿器。

由于负载为二阶环节，为了增强系统的稳定性，需要消除二阶系统的谐振峰。消除谐振峰有两种常用的方法：一种方法是使用低通滤波器。对于这种方法，通过合理设置滤波器的参数，使其增益在逆变器的截止频率处能衰减至 30 ～ –20 dB，即可消除逆变器的谐振峰。但是由于二阶滤波器有限的增益下降斜率（–40 dB/10 倍频），要在逆变器截止频率处产生如此高的增益，势必需要将二阶滤波器本身的截止频率设置得低一些。而这样做有一个很大的弊端：在抵消逆变器谐振峰值的同时，显著地降低逆变器截止频率以下很宽一段频率范围内的增益。另一种方法是采用陷波器，也称为零相移滤波器。此方法对特定的频率有很强的衰减作用，而且衰减速度很快，对周围频段的影响小。合理地设计陷波器，使它的最大衰减处恰好位于逆变器的谐振点，最大限度地衰减谐振峰值。而且此函数具有零相移特性，不必进行相位补偿。但是陷波器不具有整个高频段的衰减特性，不能作为低通滤波器单独使用。而二阶滤波器恰好可以弥补这一不足，将两者结合使用可以很好地满足系统的要求。采用梳状带通滤波器的零相移滤波器表达式为

$$F(z)=\frac{z^{N}+a+z^{-N}}{2+a} \tag{4-98}$$

当 a=2 时，$F(z)$ 对特定频率有最强的衰减。此时，阶数 N 可以由式（4–99）确定：

$$\omega = \frac{\pi}{NT} \tag{4-99}$$

假设采样频率 20 kHz，电感 L=400 μF，电容 C=9.9 μF，按 R=30 kΩ 确定控制对象的谐振频率（轻载时谐振峰值较高），有 $\omega \approx \omega_0 = 1/\sqrt{LC}$ =1 589 rad·s^{-1}。由式（4–99）得 N=4。从而得到梳状滤波器 S_1（z）：

$$S_1(z) = \frac{z^4 + 2 + z^{-4}}{4} \tag{4-100}$$

控制对象的离散传递函数为

$$P(z) = \frac{0.2994z + 0.2994}{z^2 - 1.401z + 0.9998} \tag{4-101}$$

图 4–30 所示为梳状滤波器 S_1（z）的伯德图，图 4–31 所示为控制对象 P（z）、梳状滤波器 S_1（z）及补偿后 S_1（z）P（z）的伯德图。由图 4–31 可以看出，受控对象 P（z）谐振峰值处的幅值由 72 dB 下降到 –258 dB，而对低频段增益基本无影响。

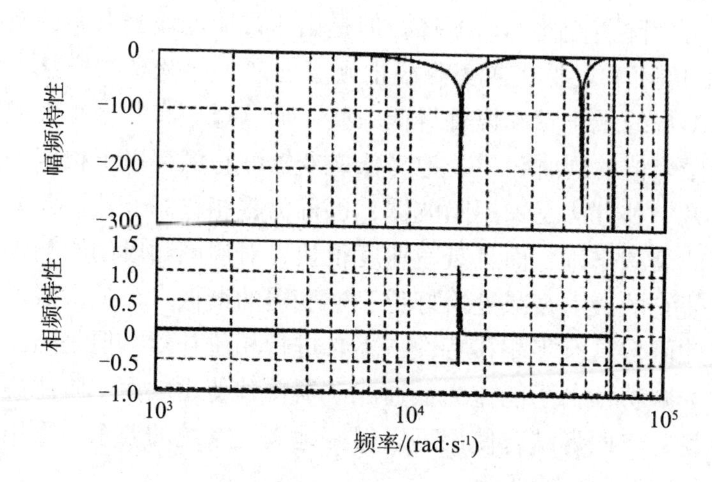

图 4–30　梳状滤波器 S_1（z）的伯德图

对于二阶滤波器的设计，因为二阶滤波器只提供高频衰减特性，而不是对消对象的谐振峰，所以它的截止频率可以大大提高，甚至可以提高到接近逆变器的截止频率。因此，它的加入不会带来显著的低频增益损失。取此低通滤波器的截止频率为逆变器的谐振频率 ω，阻尼系数为 0.707，得到的二阶低通滤波波器离散化传递函数为

$$S_2(z)=\frac{0.2137z+0.1463}{z^2-0.9651z+0.3251} \tag{4-102}$$

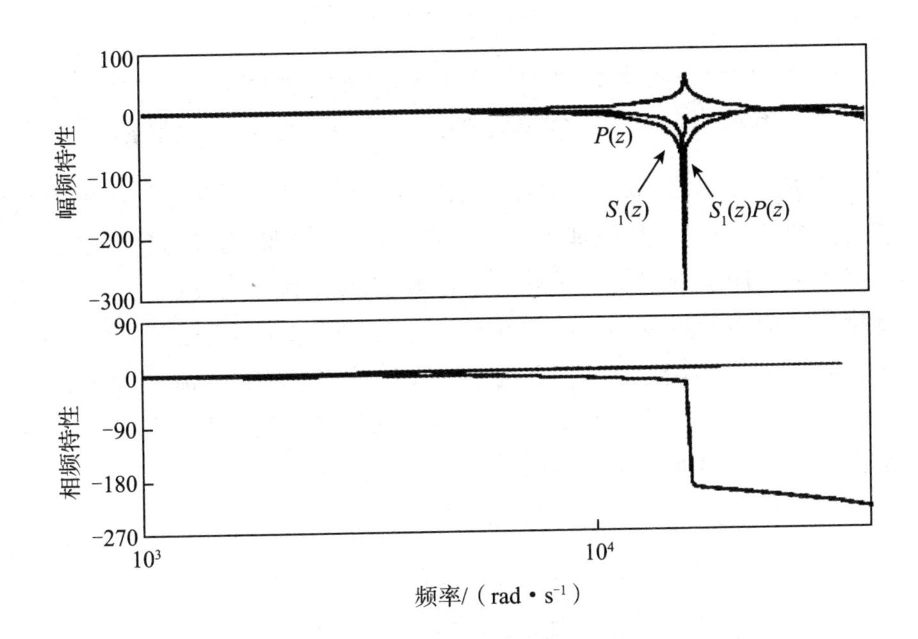

图 4-31　$S_1(z)$、$P(z)$ 与 $S_1(z)P(z)$ 的伯德图

因此，总补偿器为

$$S(z)=S_1(z)S_2(z) \tag{4-103}$$

（3）重复控制的改进。由于重复控制基于基波周期的误差校正，因此其稳态性能优越，但其暂态特性往往不能满足要求。为了解决这个问题，可采用 PI 控制与重复控制相结合的复合控制。利用 PI 控制对瞬时扰动的抑制作用加快暂态响应时间。重复控制与 PI 控制的复合控制有两种结构：串联结构和并联结构。

串联结构的重复控制与 PI 控制复合控制的原理图如图 4-32 所示。这种控制结构实际上是一种多环控制结构，作为重复控制器内环的 PI 闭环系统实际上成为控制对象。对 PI 控制器的优化设计，可完全消除被控对象固有的谐振峰。重复控制器中补偿器的设计得到大大简化，只需要设计低通滤波器和相位补偿器即可。然而，由于多环的动态特性主要由外环决定，对于串联结构的双闭环及重复控制复合控制，其动态特性受重复控制影响很大。尤其在突加或突减负载的情况下，往往要数个基波周期才能稳定。

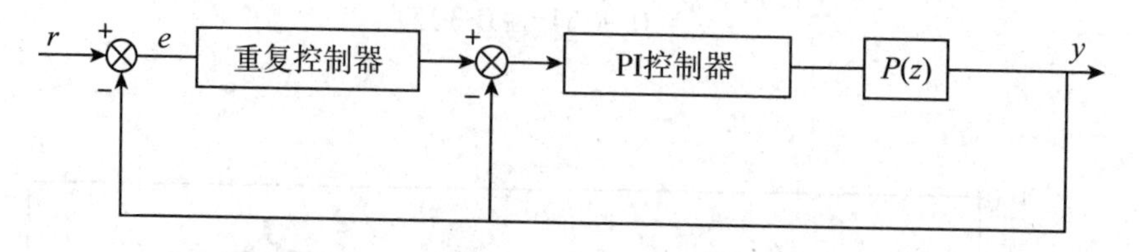

图 4-32　串联结构的重复控制与 PI 控制复合控制的原理图

为了解决上述串联结构动态响应差的问题，可以采用并联结构的重复控制和 PI 控制的复合控制，其原理图如图 4-33 所示。并联结构复合控制中，PI 控制器在突加或突减负载方面性能优异，采用经典控制理论设计，实现方便，并且容易稳定。而重复控制器在稳压精度和电压输出质量上较好，但是动态性能和稳定性较差。单纯按照图 4-33 所示方案进行控制，两组调节器相互影响，造成系统不易稳定。因此实际应用中，可以根据输出电压与给定参考电压的偏差量来决定主要采用重复控制器还是 PI 调节器控制。

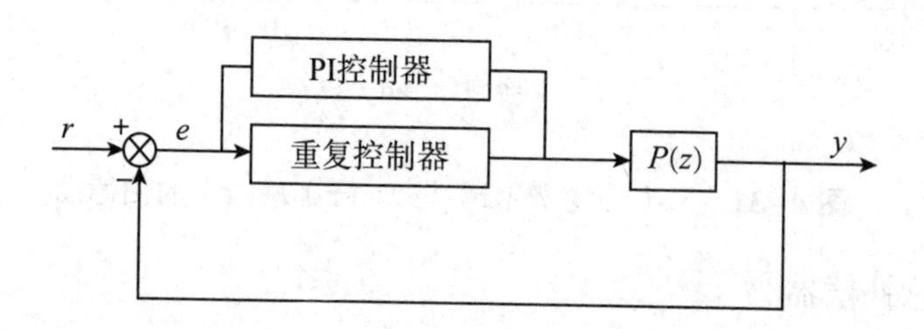

图 4 33　并联结构的重复控制与 PI 控制重复控制原理图

4.4.3.2　**比例复数积分控制**

（1）比例复数积分控制基本原理。比例复数积分控制器的传递函数为

$$G_{\mathrm{PC1}}(s)=k_{\mathrm{p}}+\frac{k_{\mathrm{i}}}{s-j\omega_0} \tag{4-104}$$

由式（4-104）可见，比例复数积分控制器在基波频率 ω_0 处的增益趋于无穷大。单相并网逆变器拓扑结构如图 4-34 所示。并网逆变器工作于电流控制模式，采用比例复数积分控制时，其系统结构框图如图 4-325 所示。

由于比例复数积分控制器在基波频率 ω_0 处的增益趋于无穷大，因此其对稳态误差的消除和抗干扰能力非常强。

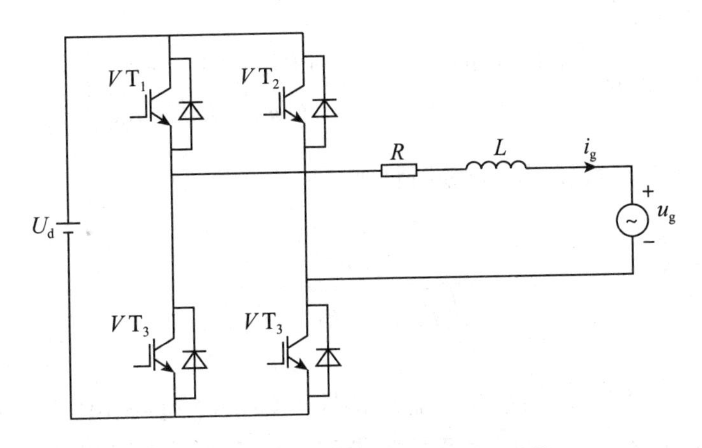

图 4-34　单相并网逆变器拓扑结构

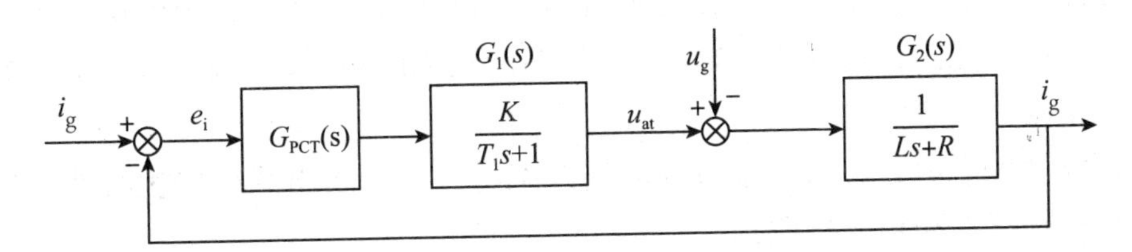

图 4-35　比例复数积分控制的单相并网逆变器系统结构框图

（2）比例复数积分控制的设计思路。假设系统参数如下：电网电压为 120 V/50 Hz，直流母线电压为 250 V，系统开关频率为 10 kHz，滤波电感为 3 mH（0.2 Ω）。

①设计比例系数 k_p。为了保证系统具有较快的响应速度，同时避免放大噪声，系统带宽范围一般选择高于基波频率 10 倍且低于开关频率 1/10，因此系统带宽 f_b 选择范围为 $500<f_b<1\,000$。

为了得到系统带宽的表达式，首先根据系统闭环传递函数求出系统闭环幅频特性。系统闭环传递函数及其幅频特性和相频特性如下：

$$T(s)=\frac{I_g(s)}{I_g^*(s)}=\frac{K\left(k_p s+k_i-j\omega_0 k_p\right)}{L_s^2+\left(Kk_p+R-j\omega_0 L\right)s+Kk_i-j\omega_0\left(Kk_p+R\right)} \tag{4-105}$$

$$|T(s)|=\frac{K\sqrt{k_i^2+k_p^2\left(\omega-\omega_0\right)^2}}{\sqrt{\left(L\omega\omega_0-L\omega^2+Kk_i\right)^2+\left(Kk_p+R\right)^2+\left(\omega-\omega_0\right)^2}} \tag{4-106}$$

$$\angle T(s)=\arctan\left[\frac{k_{\mathrm{p}}\left(\omega-\omega_0\right)}{k_{\mathrm{i}}}\right]-\arctan\left[\frac{\left(Kk_{\mathrm{p}}+R\right)\left(\omega-\omega_0\right)}{L\omega\omega_0-L\omega^2+Kk_{\mathrm{i}}}\right] \tag{4-107}$$

只考虑 K_p 时，系统闭环幅频特性如下：

$$|T(s)|=\frac{Kk_{\mathrm{p}}}{\sqrt{(L\omega)^2+\left(Kk_{\mathrm{p}}+R\right)^2}} \tag{4-108}$$

系统带宽定义为当系统闭环幅频特性的幅值降到 –3 dB 时，对应的频率为 ω_b，0 ～ ω_b 的频率范围称为系统的带宽。这里选择系统带宽 f_b=650 Hz，即 ω_b=4 100 rad · s^{-1}，代入式（4–105）可得 k_p=0.1。

②设计复数积分系数 k_i。引入 k_i 后系统带宽将发生变化，为了保证系统带宽在要求范围之内，选择 f_b=690 Hz，即 ω_b=4 330 rad · s^{-1}，根据式（4–106）计算得 k_i=20。

参数设计之后，可以观察系统的动静态特性。先给出系统抗扰特性传递函数及其幅频特性和相频特性：

$$D(s)=\frac{U_{\mathrm{g}}(s)}{I_{\mathrm{g}}^*(s)}=\frac{s-\mathrm{j}\omega_0}{Ls^2+\left(Kk_{\mathrm{p}}+R-\mathrm{j}\omega_0L\right)s+Kk_{\mathrm{i}}-\mathrm{j}\omega_0\left(Kk_{\mathrm{p}}+R\right)} \tag{4-109}$$

$$|D(s)|=\frac{\left|\omega-\omega_0\right|}{\sqrt{\left(L\omega\omega_0-L\omega^2+Kk_i\right)^2+\left(Kk_{\mathrm{p}}+R\right)^2+\left(\omega-\omega_0\right)^2}} \tag{4-110}$$

$$\angle D(s)=\arctan\left(\omega-\omega_0\right)-\arctan\left[\frac{\left(Kk_{\mathrm{p}}+R\right)\left(\omega-\omega_0\right)}{L\omega\omega_0-L\omega^2+Kk_{\mathrm{i}}}\right] \tag{4-111}$$

根据式（4–105）～式（4–107）以及式（4–109）～式（4–111）可得到闭环系统的伯德图，如图 4–36 所示。

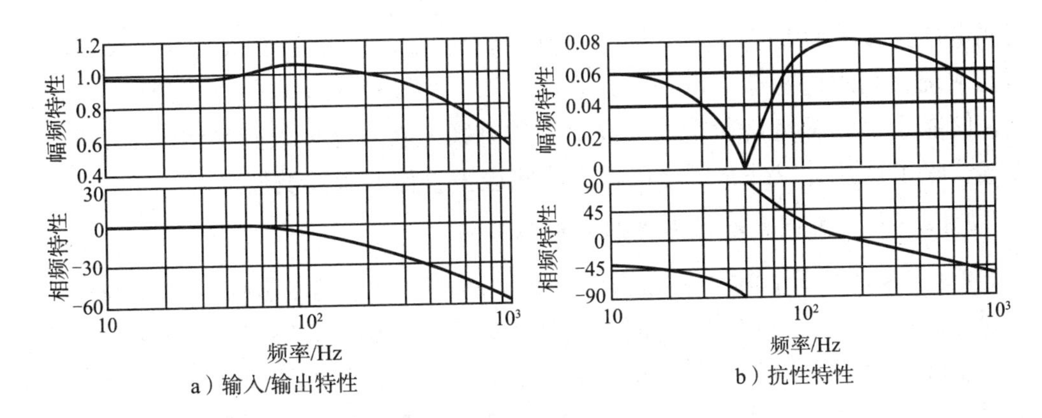

图 4-33　比例复数积分控制下的闭环系统伯德图

由图 4-33a）和式（4-106）、式（4-107）可见，闭环系统在基波频率处的幅频特性为 1，相频特性为 0；而由图 4-36b 和式（4-109）、式（4-110）可见，系统的抗扰幅频特性在基波频率处为 0，相频特性也为 0。这说明系统实现了零稳态误差控制。

传统控制器一般为实数域控制器，而 PCI 控制器中存在复数 j，为复数域控制器，给控制器实现带来了一定困难。然而，根据复变函数理论可知，j 代表幅值不变，相位正向旋转 90°。

4.4.4　并网逆变器直流侧控制

在前面介绍的逆变器并网控制策略中，大多有一个隐含假设，即直流侧电压是稳定的、恒定的电压。而事实上在光伏发电系统中，光伏阵列的输出电压是随环境因素变化的，因此直流侧电压是稳定的恒定的这一假设就成了问题。直流侧电压不稳定，或者说直流侧电压有波动，会导致低次谐波分量渗入交流网侧，造成波形畸变。

为了解决这一问题，有两种思路：一种是在直流侧设置平波环节。常规电压型逆变器的直流侧都要并联电容进行滤波，但电容滤波对低频信号的作用有限，且在体积、效率和成本等方面都存在问题。在光伏发电系统中，通常在光伏阵列与逆变器之间加入一级 DC-DC 变换器，也可以通过这个 DC-DC 变换器实现稳压，这就是光伏发电系统所谓的恒压控制。恒压控制在一定条件下，可以使光伏发电系统工作在最大功率点附近，因此也是目前并网光伏逆变器中最常用的控制方案。但恒压控制不能保证光伏发电系统在环境条件大幅度变化时的最大功率点跟踪控制。如果采用最大功率点跟踪控制方案，则逆变器的直流侧电压又不能保持稳定。这时，可在直流母线上并联具有 DC–DC 变换器的储能系统，利用这些储能设备平抑直流电压；但要完全实现平抑直流电压的功能，储能系统的容量会非常大。以上两种方案是在直流侧设置平波环节的典型方案，除了这几种以外，还可以在直流侧设置直流有源滤波器。

4.4.4.1 直流侧波动对交流侧波形的影响

（1）定性分析。对于单相全桥逆变器而言，可采用单极倍频 SPWM 技术控制开关动作。在 PWM 中，一般载波频率远远大于调制波频率，即 $\omega_c >> \omega_m$（ω_m 为调制波角频率），在一个载波周期中，调制信号 u_r 可视为恒值。在实际系统中由于直流侧电压的脉动，按常规 PWM 算法进行调制时，因为载波和调制波不发生变化，所以开关时刻和开通时间不变，这样输出电压量就会在 0 和实际值 $E' = E \pm \Delta E$ 之间变化，直流侧的脉动就会被调制和传输到负载上。经过多电平电路的合成，输出侧的波形中就会产生低次谐波，造成波形畸变。

（2）基波、低次谐波的近似计算。用不控整流电路模拟直流侧电压波动，以下定量地分析其对交流侧电压的影响。当整流器直流侧的滤波电容由 0 变为 $+\infty$ 时，其电压由 M 脉波（单相整流 M=2）逐渐变为理想的无脉动的直流电压。

当滤波电容为 0 时，不考虑电网阻抗，负载使用电阻模型，不控整流器输出电压 u_d 的傅立叶级数可表示为

$$u_d = U_{d0} + \sum_{n=mk}^{\infty} b_n \cos n\omega_m t \quad (k = 1, 2, 3, \cdots) \tag{4-112}$$

$$U_{d0} = \sqrt{2} U \frac{M}{\pi} \sin \frac{\pi}{M} \tag{4-113}$$

而单极倍频 SPWM 下变流器交流侧电压的傅立叶级数展开式为

$$u_0(t) = u_d a \sin(\omega_m t) + u_d \sum_{k=1}^{\infty} \sum_{n=\pm 1}^{\pm\infty} \frac{J_n(k\pi a) \sin^2\left(\frac{n}{2}\pi\right)}{2k\pi} \sin\left[2k\left(\omega_c t + \phi_c\right) + n\omega_m t\right] \tag{4-114}$$

将式（4–112）代入式（4–114）即可得到由直流脉动造成的输出畸变电压的傅立叶级数，为

$$\tilde{u}_0(t)=\left(U_{d0}+\sum_{n=m}^{\infty}b_n\cos n\omega_m t\right)$$
$$\left(\sin(\omega_m t)+\sum_{h=1}^{\infty}\sum_{n=1}^{\pm\infty}\frac{J_n(k\pi a)\cdot\sin^2\left(\frac{n}{2}\pi\right)}{2k\pi}\cdot\sin\left[2k\left(\omega_c t+\phi_c\right)+n\omega_m t\right]\right) \tag{4-115}$$

由式（4–115），当 $M=2$，即单相不控整流电路提供逆变器直流侧电压时，输出电压的基波幅值为

$$\tilde{U}_{o_1}=a\left(U_{d0}-\frac{1}{2}b_2\right) \tag{4-116}$$

低次谐波分量（$n<<\omega_c/\omega_m$）为

$$\tilde{U}_{o_n}=\frac{b_n}{2}\sin[(2n-1)\omega_m t] \tag{4-117}$$

从式（4–116）和式（4–117）可见，当 $M=2$ 时，输出电压的基波幅值会有顶大，同时频谱中会渗入低次谐波，最低次谐波的次数为 3 次。$M>2$ 时的结论与 $M=2$ 时大体相同，这里再赘述。

以上是当滤波电容为 0 时的分析，当滤波电容逐渐增大时，各低次谐波的幅值会逐渐降低但不会降到0;只有当电容增大到非常大时,才能消除直流脉动，但这显然会增加成本和体积。

上述分析是以不控整流为例的，实际上光伏发电系统直流电压波动的频率可能要低得多，这时在交流侧就可能包含比基波频率还低的次谐波，其对电网的危害更大。

4.4.4.2　直流侧电压的闭环控制

要解决直流侧电压波动引起的交流侧波形畸变问题，通常的思路是实施直流侧电压的闭环控制。直流侧电压的闭环控制方案通常采用 PI 控制就能够满足系统要求，当然也可把某些其他控制策略（如变结构控制、模糊控制等）引入其中。本节只介绍常规的工程设计法。

在设计电压环时，将设计好的电流环看成电压环的一部分，其工程设计法可以参照电流环的设计方法。一般情况下，因为电压环要求有较好的抗扰动性能，应当首先考虑将电压环设计为典型Ⅱ型系统。但这存在以下问题：

（1）采用工程设计法设计的双闭环系统以稳定为主要出发点，兼顾动态

特性，即稳中求快。但在电流环控制带宽有限的情况下，电压环的控制带宽会进一步变窄。

（2）在按照典型Ⅱ型系统设计电压环的过程中，负载作为扰动处理，并没有出现在控制对象传递函数中，因此所建立的数学模型存在较大偏差。为了改善系统的动态特性，需要考虑负载阻抗的影响。此时电压环可以按照典型Ⅰ型系统设计，具体的设计方案可参照坐标变换法线性控制中电流环的设计。

第 5 章　分布式光伏发电系统容量设计

5.1　光伏发电系统的设计原则、步骤和内容

5.1.1　光伏发电系统设计原则

光伏发电系统有离网、并网之分，负载大小有别，用途各异，其所处的地理位置以及气象条件等因素也各不相同，而且许多数据在不断变化，这就使得光伏发电系统的容量设计较为复杂。光伏发电系统的设计要本着合理、实用、高可靠和高性价比（低成本）的原则，既保证光伏发电系统的长期可靠运行，充分满足并入电网或用户负载的用电要求，又使光伏发电系统的配置最合理、最经济，特别是在满足正常使用条件下确定最小的光伏发电容量和蓄电储能容量；同时协调整个系统工作的最大可靠性和系统成本之间的关系，在满足需要、保证质量的前提下节省投资，达到最好的投资收益、效果。设计中一定要避免盲目追求低成本或高可靠性的不良倾向，尤其是片面追求低成本，任意减少系统配置或选用廉价设备、部件，造成系统整体性能差，故障频发的不良后果，都得不偿失。

5.1.2　系统设计的步骤和内容

光伏发电系统的设计步骤和内容如图 5–1 所示。

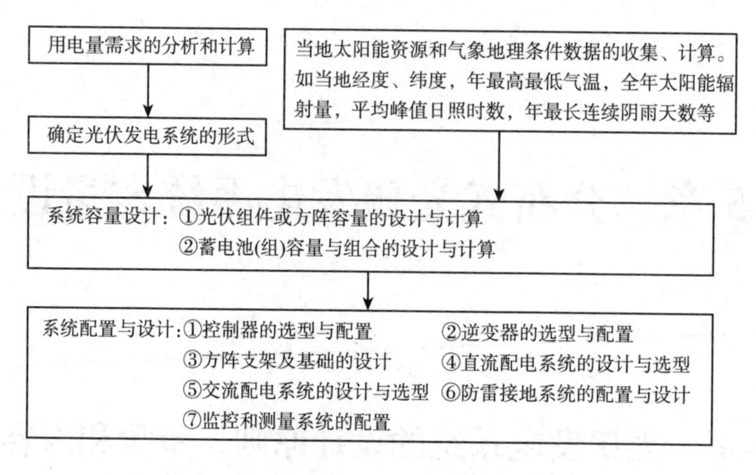

图 5-1　光伏发电系统的设计步骤及内容

5.2　与设计相关的因素和技术条件

在设计光伏发电系统时，应当根据负载的要求和当地太阳能资源及气象地理条件，依照能量守恒的原则，综合考虑下列各种因素和技术条件。

5.2.1　光伏发电系统用电负载的特性及负荷需求

在设计光伏发电系统和进行系统设备的配置、选型之前，对于离网系统来说，要充分了解用电负载的特性和用电负荷。例如，负载是直流负载还是交流负载，负载的工作电压是多少，额定功率是多大，是冲击性负载还是非冲击性负载，是电阻性负载、电感性负载还是电力电子类负载等。其中，电阻性负载（如白炽灯泡、电子节能灯、电熨斗、电热水器等）在使用中无冲击电流；而电感性负载和电力电子类负载（如日光灯、电动机、电冰箱、电视机、水泵等）启动时都有冲击电流或起动电流，且电动机类负载的起动电流往往是其额定工作电流的 5 ～ 10 倍。控制器、逆变器及蓄电池的容量设计和设备选型，往往要把这些负载的启动功率考虑进去，留有合理余量。逆变器的输出功率要大于负载的使用功率（含起动功率）。对于摄像监控系统，通信基站等要求严格的场合，输出功率要按所有的负载功率之和考虑。对于一般贫困家庭用户的基本生活用电而言，考虑到所有的用电负载不可能同时开启，为了节省成本，可以把总负载功率之和乘以 0.7 ～ 0.9 的系数。

从全天使用时间上划分，负载可分为仅白天使用的负载、仅晚上使用的负载及白天和晚上连续使用的负载，以及连续工作的负载（如照明灯、电视机、电脑等）、间隙工作的负载（如电冰箱、空调器、热水器等）。对于仅在白天使用的负载，多数可以由光伏组件直接供电，不需要考虑或仅需少量考虑蓄电池的配备，起一个稳定供电的作用。对于连续工作的负载，用电量等于负载功率乘以使用时间，但对于间歇性工作负载，要估算每天的累积使用时间。例如，一台 1 匹空调器的额定功率一般在 800 W 左右，即满负荷工作 1 h 要消耗 0.8 kW·h 的电，但空调器的运行时间与室内外温差、房间面积、设定温度、空调器自身的能效比等因素有很大关系，一晚上运行 8 h，耗电量可能会有 3 ～ 4 kW·h 的差别。

另外，系统每天需要供电的时间有多长，要求系统能正常供电几个阴雨天，是否有其他辅助供电方式等，都是在设计前需要了解的问题和数据。

由于光伏发电系统的容量及投资与用电负荷的需求成正比，因此有些用户为了减少投资，在系统设计时往往低估用电负荷，从而出现光伏发电系统的发电量不足，系统不能稳定运行等情况。因此，在系统设计之前，通过一段时间的实际检测来准确确定用电负荷量是很有必要的。另外，在利用太阳能光伏发电系统供电的情况下，要尽量选用节能型电器设备，或者对一些高能耗的旧电器设备（如白炽灯泡、旧电视、冰箱、冰柜等）进行更新替换，所需要的费用往往比增加相应的光伏发电系统容量费用要更低更划算。

对于并网光伏发电系统，一般采取的都是全额上网或自发自用余电上网的模式，所以基本上不用考虑用电负载特性和用电需求的因素。

5.2.2　当地的太阳能辐射资源及气象地理条件

由于光伏发电系统的发电量与太阳光的辐射强度、大气层厚度（大气质量）、所在地的地理位置、所在地的气候和气象、地形地物等因素和条件都有着直接的关系和影响，因此在设计光伏发电系统时应考虑的太阳能辐射资源及气象地理条件有太阳辐射的方位角和倾斜角、峰值日照时数、全年辐射总量、连续阴雨天数及最低气温等。

5.2.2.1　光伏组件（方阵）的方位角与倾斜角

光伏组件（方阵）的方位角与倾斜角的选定是光伏发电系统设计时重要的因素之一。所谓方位角一般是指东西南北方向的角度。对于光伏发电系统来说，方位角以正南为 0°，由南向东向北为负角度，由南向西向北为正角度，如太阳在正东方时，方位角为 –90°，在正西方时方位角为 90°。方位角决定了阳光的入射方向，决定了各个方向的山坡或不同朝向建筑物的采光状况。倾斜角是地平面（水平面）与光伏组件之间的夹角。倾斜角为 0° 表示光伏组件为水平设置，倾斜角为 90° 表示光伏组件为垂直设置。

（1）光伏组件方位角的确定。光伏组件的方位角一般都选择正南方向，以使光伏组件单位容量的发电量最大。如果受光伏组件设置场所（如屋顶、土坡、山地、建筑物结构及阴影等）的限制，则应考虑与它们的方位角一致，以求充分利用现有地形和有效面积，并尽量避开周围建筑物、构筑物或树木等产生的阴影。只要在正南 ±20° 之内，都不会对发电量有太大影响，条件允许的话，应尽可能偏西南 20° 之内，使太阳能发电量的峰值出现在中午稍过后某时，这样有利于冬季多发电。有些光伏建筑一体化发电系统在设计时，当正南方向光伏组件铺设面积不够时，也可将光伏组件铺设在偏东、偏西或正东、正西方向。一般方位角偏离正南 30° 时，方阵的发电量将减少 10% ～ 15%，偏离正南 60° 时，方阵的发电量将减少 20% ～ 30%。

（2）光伏组件倾斜角的确定。最理想的倾斜角是光伏组件全年发电量尽可能大，而冬季和夏季发电量差异尽可能小时的倾斜角。在离网光伏发电系统中，一般取当地纬度或当地纬度加上几度作为当地光伏组件安装的倾斜角。当然如果能够采用计算机辅助设计软件进行光伏组件倾斜角的优化计算，使两者兼顾，这对于高纬度地区尤为重要。高纬度地区的冬季和夏季水平面太阳辐射量差异非常大，如我国黑龙江省相差约 5 倍。如果按照水平面辐射量参数进行设计，则蓄电池冬季存储量过大，造成蓄电池的设计容量和投资都加大。选择了最佳倾斜角，光伏组件面上冬季和夏季辐射量之差变小，蓄电池的容量也可以减少，求得一个均衡，使系统造价降低，设计更为合理。

如果没有条件对倾斜角进行计算机优化设计，也可以根据当地纬度粗略确定光伏组件的倾斜角：

①当纬度为 0° ～ 25° 时，倾斜角等于纬度。

②当纬度为 26° ～ 40° 时，倾斜角等于纬度加 5° ～ 10° 。

③当纬度为 41° ～ 55° 时，倾斜角等于纬度加 10° ～ 15° 。

④当纬度为 55° 以上时，倾斜角等于纬度加 15° ～ 20° 。

但不同类型的光伏发电系统，其最佳安装倾斜角有所不同的。在离网光伏发电系统中，如为太阳能路灯等季节性负载供电的光伏发电系统的工作时间随着季节而变化，其特点是以自然光线的强弱来决定负载每天工作时间的长短。冬天时，白天日照时间短，太阳能辐射能量小，而夜间负载工作时间长，耗电量大。因此系统设计时要考虑照顾冬天，按冬天时能得到最大发电量的倾斜角确定，其倾斜角应该比当地纬度的角度大一些。对于主要为光伏水泵、制冷空调等夏季负载供电的离网光伏发电系统，则应考虑夏季为负载提供最大发电量，其倾斜角应该比当地纬度的角度小一些。

在有市电互补、风光互补及风光柴互补等混合型离网光伏发电系统中，可以不再考虑季节因素对光伏组件发电量的影响，只需要考虑光伏组件全年发电量最大化，这样可以有效地利用太阳能，光伏组件可以基本按当地纬度确定倾斜角度。由于混合型系统的蓄电池容量相对较小，在太阳能辐射较强的夏季，在光伏发电占比较大的系统中，会出现蓄电池及负载无法完全储存和消纳光伏发电量的问题，导致系统能量浪费，利用效率降低，影响系统的经济性。这类系统在设计时要根据实际用电需要适当减小光伏组件的容量或适当加大蓄电池的容量，使系统的配置更加合理。例如，可以按照太阳能辐射最好的月份把光伏组件的发电量占比控制在整个系统发电量的 80% ～ 90% 为佳。

对于并网光伏发电系统，则要根据全年发电量的最大化来确定光伏组件或方阵的倾斜角度，通常该倾斜角为当地的纬度，也可以根据现场实际情况调整。对于因方位限制使光伏组件或方阵必须朝向东面或西面安装时，可以尽量降低安装倾斜角，以提高光伏组件或方阵的倾斜面辐照度。

综上所述，无论哪种形式的光伏发电系统，光伏组件最佳倾斜角的确定都需要结合安装现场实际情况进行考虑，如安装地点、屋顶角度、建筑物外观的限制，有利于积雪滑落等因素。因此，光伏组件的倾斜角可以根据实际需要在不使光伏发电量大幅度下降的前提下做小范围的调整。

5.2.2.2　平均日照时数和峰值日照时数

要了解平均日照时数和峰值日照时数，首先要知道日照时间和日照时数的概念。

日照时间是指太阳光在一天当中从日出到日落实际的照射小时数。

日照时数是指在某个地点，一天当中太阳光达到一定的辐照度（一般以气象台测定的 120 W/m^2 为标准）时一直到小于此辐照度所经过的小时数。日照时数小于日照时间。

峰值日照时数（有效日照时间）是将当地的太阳辐射量，折算成标准测试条件（辐照度 1 000 W/m^2）下的小时数。例如，某地某天的日照时间是 8.5 h，但不可能在这 8.5 h 中太阳的辐照度都是 1 000 W/m^2，而是从弱到强再从强到弱变化的，若测得这天累计的太阳辐射量是 3 600 W · h/m^2，则这天的峰值日照时数就是 3.6 h。因此，在计算光伏发电系统的发电量时一般都采用平均峰值日照时数作为参考值。

5.2.2.3 全年太阳能辐射总量

在设计光伏发电系统容量时，当地全年太阳能辐射总量也是一个重要的参考数据。应通过气象部门了解当地近几年甚至 8 ～ 10 年的太阳能辐射总量年平均值。通常气象部门提供的是水平面上的太阳辐射量，而光伏组件一般都是倾斜安装的，因此需要将水平面上的太阳能辐射量换算成倾斜面上的辐射量。

5.2.2.4 最长连续阴雨天数

最长连续阴雨天数是设计离网光伏发电系统必须考虑的一个参数。所谓最长连续阴雨天数，是指需要蓄电池向负载维持供电的天数，从发电系统本身的角度说，也叫作“系统自给天数”。也就是说，如果有几天连续阴雨天，光伏组件方阵就几乎不能发电，只能靠蓄电池来供电，而蓄电池深度放电后又需尽快将其补充好。连续阴雨天数可参考当地年平均连续阴雨天数的数据。对于不太重要的负载（如太阳能路灯等）也可根据经验或需要在 3 ～ 7 天内选取。在考虑连续阴雨天因素时，还要考虑两段连续阴雨天之间的间隔天数，以防止第一个连续阴雨天到来使蓄电池放电后，还没有来得及补充，就又来了第二个连续阴雨天，使系统在第二个连续阴雨天内根本无法正常供电。因此，在连续阴雨天比较多的南方地区，设计时要把光伏组件和蓄电池的容量都考虑得稍微大一些。

5.2.3 有关太阳能辐射能量的换算

5.2.3.1 太阳能辐射能量不同单位之间的换算

在计算光伏发电系统的容量时，有时会遇到用不同计量单位表示的太阳能辐射能量，如焦（J）、卡（cal）、千瓦（kW）等，为设计和计算方便，就需要进行单位换算。它们之间的换算关系为

1 卡（cal）=4.1868 焦（J）=1.16278 毫瓦时（mW · h）

1 千瓦时（kW · h）=3.6 兆焦（MJ）

1 千瓦时 / 米 ^{2}（kW · h/m^2）=3.6 兆焦 / 米 ^{2}（MJ/m^2）=0.36 千焦 / 厘米 ^{2}（kJ/cm^2）

100 毫瓦时 / 厘米 ^{2}（mW · h/cm^2）=85.98 卡 / 厘米 ^{2}（cal/cm^2）

1 兆焦 / 米 ^{2}（MJ/m^2）=23.889 卡 / 厘米 ^{2}（cal/cm^2）=27.8 毫瓦时 / 厘米 ^{2}（mw · h/cm^2）

5.2.3.2 太阳能辐射能量与峰值日照时数之间的换算

在计算中，有时还需要将辐射能量换算成峰值日照时数，换算公式如下：

（1）当辐射量的单位为卡 / 厘米 ^{2}（cal/cm^2）时，则

年峰值日照小时数 = 辐射量 ×0.011 6（换算系数）

例如，某地年水平面辐射量为 139 $kcal/cm^2$，光伏组件倾斜面上的辐射量为 152.5 $kcal/cm^2$，则年峰值日照小时数为 152 500 cal/cm^2 × 0.011 6=1 769（h），峰值日照时数为 1 769 h ÷ 365=4.85 h。

（2）当辐射量的单位为兆焦 / 米 ^{2}（MJ/m^2）时，则

年峰值日照时数 = 辐射量 ÷3.6（换算系数）

例如，某地年水平面辐射量为 5 497.27 MJ/m^2，光伏组件倾斜面上的辐射量为 6 348.82 MJ/m^2，则年峰值日照小时数为 6 348.82 MJ/m^2 ÷ 3.6=1 763.56（h），峰值日照时数为 1 763.56 h ÷ 365=4.83（h）。

（3）当辐射量的单位为千瓦时 / 米 ^{2}（$kW \cdot h/m^2$）时，则

峰值日照时数 = 辐射量 ÷365 天

例如，北京年水平面辐射量为 1 547.31 $kW \cdot h/m^2$，光伏组件倾斜面上的辐射量为 1 828.55 kWh/m^2，则峰值日照小时数为 1 828.55 kWh/m^2 ÷ 365=5.01（h）。

（4）当辐射量的单位为千焦 / 厘米 ^{2}（kJ/cm^2）时，则

年峰值日照小时数 = 辐射量 ÷0.36（换算系数）

例如，拉萨年水平面辐射量为 777.49 kJ/cm^2，光伏组件倾斜面上的辐射量为 881.51 kJ/cm^2，则年峰值日照小时数为 881.51 kJ/cm^2 ÷ 0.36=2 448.64（h），峰值日照时数为 2 448.64 h ÷ 365=6.71（h）。

5.2.4　光伏方阵组合、排布及间距的设计与计算

光伏方阵也称光伏阵列，英文名称为“Solar Array”或“PV Array”。光伏方阵是为满足高电压、大功率的发电要求，由若干个光伏组件通过串、并联连接，并通过一定的机械方式固定组合在一起的。除光伏组件的串、并联组合外，光伏方阵还需要防逆流（防反充）二极管、旁路二极管、直流电缆等对光伏组件进行电气连接，还需要配专用的、带避雷器的直流汇流箱及直流防雷配电柜等。有时为了防止鸟粪等玷污光伏方阵表面而产生“热斑效应”，还要在方阵顶端安装驱鸟器。另外，整个光伏方阵还要固定在光伏支架上，因此支架要有足够的强度和刚度，整个支架要牢固地安装在支架基础上。

5.2.4.1　光伏组件的热斑效应

当光伏组件或某一部分表面不清洁、有划伤或者被鸟粪、树叶、建筑物阴影、云层阴影覆盖或遮挡时，被覆盖或遮挡部分所获得的太阳能辐射会减少，其相

应电池片的输出功率（发电量）自然随之减少，相应组件的输出功率也将随之降低。由于整个组件的输出功率与被遮挡面积不是线性关系，所以即使一个组件中只有一片电池片被覆盖，整个组件的输出功率也会大幅度降低。如果被遮挡部分只是方阵组件串的并联部分，那么问题还较为简单，只是该部分输出的发电电流将减小。如果被遮挡的是方阵组件串的串联部分，则问题较为严重，一方面会使整个组件串的输出电流减少为该被遮挡部分的电流，另一方面被遮挡的电池片不仅不能发电，还会被当作耗能器件以发热的方式消耗其他有光照的光伏组件的能量，长期遮挡就会引起光伏组件局部反复过热，产生热斑，这就是热斑效应。热斑效应会严重破坏电池片及组件，可能使组件焊点熔化、封装材料破坏，甚至会使整个组件失效。产生热斑效应的原因，除了以上情况外，还有个别质量不好的电池片混入光伏组件、电极焊片虚焊、电池片隐裂或破损、电池片性能变坏等。

5.2.4.2　光伏组件的串、并联组合

光伏方阵的连接有串联、并联和串、并联混合几种方式。当每个单体的光伏组件性能一致时，多个光伏组件的串联连接可在不改变输出电流的情况下，使整个方阵输出电压成比例地增加；当光伏组件并联连接时，则可在不改变输出电压的情况下，使整个方阵的输出电流成比例地增加；当光伏组件串、并联混合连接时，可增加方阵的输出电压，又可增加方阵的输出电流。但是，组成方阵的所有光伏组件性能参数不可能完全一致，所有的连接电缆、插头/插座接触电阻也不相同，于是会造成各串联光伏组件的工作电流受限于其中电流最小的组件；而各并联光伏组件的输出电压又会被其中电压最低的光伏组件钳制。因此，方阵组合会产生组合连接损失，使方阵的总效率总是低于所有单个组件的效率之和。组合连接损失的大小取决于光伏组件性能参数的离散型，因此除了在光伏组件的生产过程中尽量提高光伏组件性能参数的一致性外，还可以对光伏组件进行测试、筛选、组合，即把特性相近的光伏组件组合在一起。例如，串联组合的各组件工作电流要尽量相近，每串与每串的总工作电压也要考虑搭配的尽量相近，最大限度地减少组合连接损失。因此，方阵组合连接要遵循下列几条原则：

（1）串联时需要工作电流相同的组件并为每个组件并接旁路二极管。

（2）并联时需要工作电压相同的组件，并在每一条并联线路中串联防逆流二极管。

（3）尽量考虑组件连接线路最短，并用较粗的导线。

（4）严格防止个别性能变坏的光伏组件混入光伏方阵。

5.2.4.3　防逆流（防反充）和旁路二极管

在光伏方阵中，二极管是很重要的器件，常用的二极管基本都是硅整流二极管，在选用时要注意规格参数留有余量，防止击穿损坏。一般反向峰值击穿电压和最大工作电流都要取最大运行工作电压和工作电流的 2 倍以上。二极管在光伏发电系统中主要分为以下两类。

（1）防逆流（防反充）二极管。防逆流（防反充）二极管的作用之一是当光伏组件或方阵不发电时，在离网系统中防止蓄电池的电流反过来向组件或方阵倒送。如果没有防逆流（防反充）二极管，不仅消耗能量，而且会使组件或方阵发热甚至损坏。作用之二是在光伏方阵中，防止方阵各支路之间的电流倒送。这是因为串联各支路的输出电压不可能绝对相等，各支路电压总有高低之差，或者某一支路故障、阴影遮蔽等使该支路的输出电压降低，高电压支路的电流就会流向低电压支路，甚至会使方阵总体输出电压降低。在各支路中串联接入防逆流二极管就避免了这一现象的发生。

在离网光伏发电系统中，一般光伏控制器的电路上已经接入了防逆流防反充二极管，即控制器带有防反充功能时，组件输出就不需要再接二极管了。同理，在并网光伏发电系统中，一般直流汇流箱或逆变器输入电路中也都接入了防逆流防反充二极管，组件输出也就不需要再接二极管了。

（2）旁路二极管。当有较多的光伏组件串联组成光伏方阵或光伏方阵的一个支路时，需要在每块电池板的正负极输出端反向并联 1 个（或两三个）二极管，这个并联在组件两端的二极管就称为旁路二极管。

旁路二极管的作用是防止方阵串中的某个组件或组件中的某一部分被阴影遮挡或出现故障停止发电。当组件中某一部分被阴影遮挡或出现故障停止发电时在该组件旁路二极管两端会形成正向偏压使二极管导通，组件串工作电流绕过故障组件，经二极管旁路流过，不影响其他正常组件的发电，同时保护被旁路组件避免受到较高的正向偏压或由于热斑效应发热而损坏。

旁路二极管一般都直接安装在组件接线盒内，根据组件功率的大小和电池片串的多少，安装 1 ～ 3 个二极管，如图 5–2 所示。其中，图 5–2（a）采用 1 个旁路二极管，当该组件被遮挡或有故障时，组件将被全部旁路；图 5–2（b）、图 5–2（c）分别采用 2 个和 3 个二极管将光伏组件分段旁路，则当该组件的某一部分有故障时，可以做到只有旁路组件的一半或 1/3，其余部分仍然可以继续正常工作。

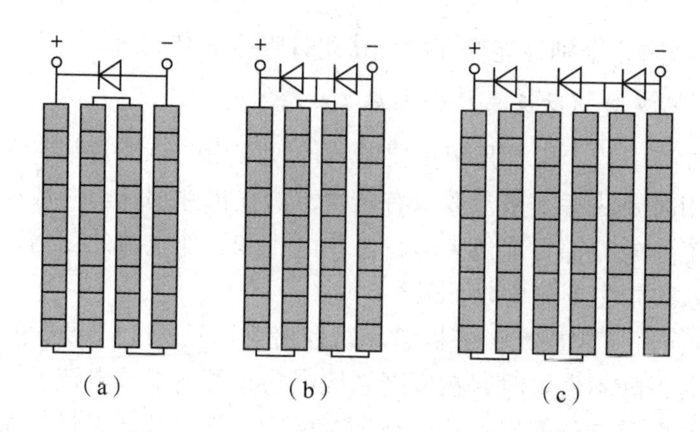

图 5-2　旁路二极管接法示意图

旁路二极管不是任何场合都需要的，当组件单独使用或并联使用时，是不需要接旁路二极管的。对于组件串联数量不多且工作环境较好的场合，也可以考虑不用旁路二极管。

5.2.4.4　光伏方阵的电路

光伏方阵的基本电路由光伏组件串、旁路二极管、防逆流二极管和带避雷器的直流汇流箱等构成，常见电路形式有并联方阵电路、串联方阵电路和串、并联混合方阵电路。

5.2.4.5　光伏方阵组合的能量损失

光伏方阵由若干的光伏组件及成千上万的电池片组合而成，这种组合不可避免地存在各种能量损失，归纳起来大致有这样几类：

（1）连接损失：连接电缆本身的电阻和接插件连接不良所造成的损失。

（2）离散损失：主要是光伏组件产品性能和衰减程度不同，参数不一致造成的功率损失。方阵组合选用不同厂家、不同出厂日期、不同规格参数以及不同牌号电池片等，都会造成光伏方阵的离散损失。

（3）串联压降损失：电池片及光伏组件本身的内电阻不可能为零，即构成电池片的 PN 结有一定的内电阻，造成组件串联后的压降损失。

（4）并联电流损失：电池片及光伏组件本身的反向电阻不可能为无穷大，即构成电池片的 PN 结有一定的反向漏电流，造成组件并联后的漏电流损失。

5.2.4.6　光伏方阵组合的计算

光伏方阵是根据负载需要将若干个组件通过串联和并联进行组合连接，得到设计需要的输出电流和电压，为负载提供电力的。方阵的输出功率与组件串并联的数量有关，串联是为了获得所需要的工作电压，并联是为了获得所需要的工作电流。

一般离网光伏发电系统电压往往被设计成与蓄电池的标称电压相对应或者是它的整数倍，而且与用电器的电压等级一致，如 220 V、110 V、48 V、36 V、24 V、12 V 等。并网光伏发电系统，方阵的电压等级往往为 110 V、220 V、380 V、500 V 等，电压等级更高的光伏发电系统，则采用多个方阵进行串、并联，组合成与电网等级相同的电压等级，如组合成 600 V、1 kV 等，再通过逆变器直接与公共电网连接，或者通过升压变压器与 35 kV，110 kV、220 kV 等高压输变电线路连接。

光伏方阵所需要串联的组件数量主要由系统工作电压或逆变器的额定输入电压来确定。此外，离网光伏发电系统还要考虑蓄电池的浮充电压、线路损耗以及温度变化等因素。一般带蓄电池的光伏发电系统方阵的输出电压 =1.43 × 蓄电池组标称电压。对于不带蓄电池的光伏发电系统，在计算方阵的输出电压时一般将其额定电压提高 10%，再选定组件的串联数。

例如，一个组件的最大输出功率为 245 W，最大工作电压为 29.9 V，设选用逆变器为交流三相，额定电压 380 V，逆变器采取三相桥式接法，则直流输出电压 $U_p=U_{ab}/0.817=380/0.817=465$（V）。再来考虑电压裕量，光伏方阵的输出电压应增大到 $1.1\times465=512$（V），则计算出组件的串联数为 512 V/29.9 V=18（块）。

下文根据系统输出功率来计算光伏组件的总数。现假设负载要求功率是 30 kW，则组件总数为 30 000 W/245 W=123 块，从而计算出组件并联数为 123/18=7，可选取并联数为 7 块。

结论：该系统应选择上述功率的组件 18 串联 7 并联，组件总数为 $18\times7=126$（块），系统输出最大功率为 126×245 W=30.87（kW）。

5.2.4.7　光伏方阵的排布及间距计算

在光伏发电系统的设计中，光伏方阵的排布要考虑施工安装、线路走向及连接、维护和清洗的便利性等因素。在光伏方阵中光伏组件的排布有纵向排列和横向排列两种方式。其中，纵向排列一般每列放置 2 ～ 4 块光伏组件，横向排列一般每列放置 3 ～ 5 块光伏组件。光伏组件采用纵向排列还是横向排列，对整个系统的发电量、支架用量和施工难度都有一定影响。当方阵光伏组件采用纵向排列时，如果组件最下面一排电池片不可避免地全部被前排方阵阴影遮挡，阴影会同时遮挡组件的 3 个电池串，组件的 3 个旁路二极管会全部正向导通将电池组串短路，而使被遮挡的组件都不能发电。即便是3个旁路二极管没有导通，该组件产生的功率也会通过发热的形式消耗在被遮挡的电池片上，组件依然没有功率输出。当方阵光伏组件采用横向排列时，如果组件最下面一排电池片全部被阴影遮挡，阴影只遮挡了1个电池串，则相应的旁路二极管导通，组件中另外两个电池组串仍然可以正常发电，组件还可以发出2/3的功率。所以，当因场地紧张，方阵前后排间距无法调整时，光伏方阵采用横向排布的方式，可以获得更多的发电量。

目前，大多数发电系统都采用纵向排列的方式，这是因为纵向排列比横向排列安装施工更容易。横向排列时，最顶端的光伏组件安装比较困难，影响施工进度。另外，横向排列时，光伏支架的造价也会比纵向排列成本略高一些。

通常在排布光伏方阵时，为减少光伏方阵占地面积或可用面积有限时，可分别选取每个光伏方阵中光伏组件的拼装组合，使其高度尺寸成阶梯形，也可以考虑将方阵基础制作成阶梯形，安装光伏方阵。光伏方阵阶梯形安装示意图如图5-3所示。

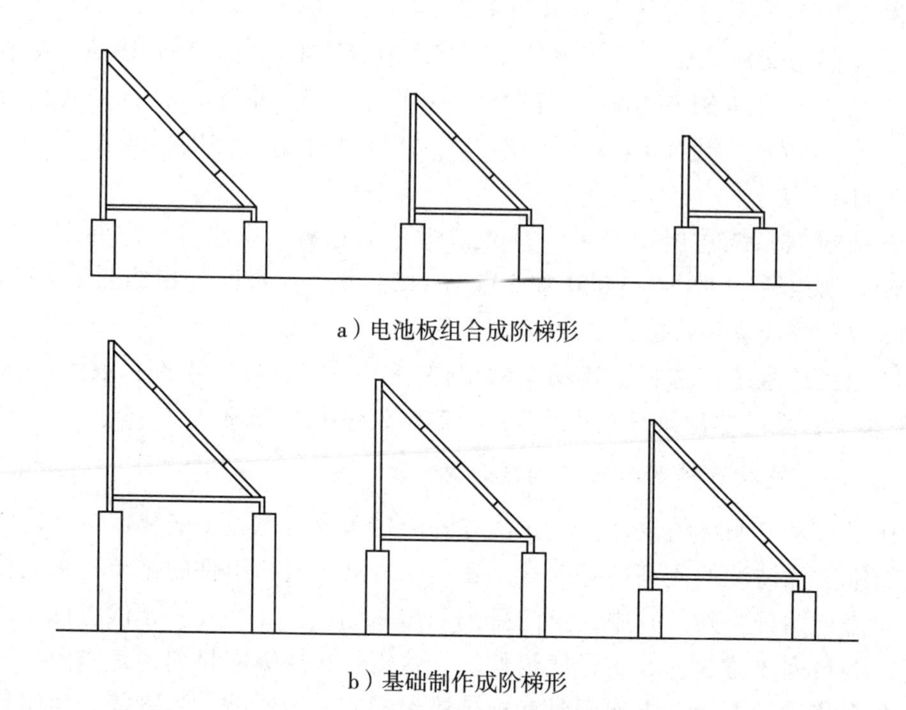

a）电池板组合成阶梯形

b）基础制作成阶梯形

图5-3　光伏方阵阶梯型安装示意图

对于采用跟踪类支架的光伏方阵，特别是斜单轴和双轴跟踪光伏方阵，方阵光伏之间出现遮挡的情况较多，可尽量考虑横向排列光伏组件。

无论是屋顶还是地面，设计光伏方阵间距时，除了考虑方阵与方阵前后之间的阴影遮挡以外，还要考虑避开光伏方阵周边的遮挡。在光伏方阵排布时，除了要预留检修通道外，还要与周边的烟囱、排风机等保持足够的安全距离。前后排光伏方阵之间的正常间距应该按照冬至日上午 9：00 至下午 3：00，前排光伏方阵对后排光伏方阵没有遮挡为最佳间距。如果前后两组光伏方阵之间的距离过小，前边的光伏方阵的阴影会把后面的光伏方阵部分遮挡。因此，设计时要计算前后光伏方阵之间的合理距离。假设光伏方阵的上边缘高度为 L，其南北方向的阴影长度为 L，太阳高度角为 A，方位角为 B，则阴影的倍率 R 为

$$R=L_2/L_1=\cot A\times\cos B$$

这个倍率最好按冬至那一天的数据进行计算，因为冬至这一天的阴影最长。例如，光伏方阵的上边缘高度为 H_1，下边缘高度为 H_2，则光伏方阵之间的距离 M 为 $M=(H_1+H_2)\times R$。当纬度较高时，光伏方阵之间的距离应加大，相应地安装场所的面积也会增加。对于有防风要求的光伏方阵，为了减少受风面，增加抗风能力，可以根据实际情况适当降低光伏方阵的安装倾角。对于有防积雪措施的光伏方阵来说，其倾斜角度一般要增大，会造成光伏方阵的高度增加，为避免阴影的影响，相应地也会使光伏方阵之间的距离加大。

5.2.5　光伏发电系统的安装场所和方式

光伏发电系统的安装主要是指光伏组件或光伏方阵的安装，其安装场所和方式可分为杆柱安装、塔架安装、地面安装、屋顶安装、山坡安装、建筑物墙壁安装及建材一体化安装等。

5.2.5.1　杆柱、塔架安装

杆柱、塔架安装是指将光伏发电系统安装在由金属、混凝土以及木制的杆、柱子、塔架上等，如太阳能路灯、高速公路监控摄像装置等。

5.2.5.2　地面安装

地面安装是指在地面上打好基础，然后在基础上安装倾斜支架，再将光伏组件固定到支架上。有时也可以利用山坡等的斜面直接做基础和支架安装光伏组件。

5.2.5.3　屋顶安装

屋顶安装大致分为两种：一种是以屋顶为支撑物，在屋顶上通过支架或专用构件将光伏组件固定组成方阵，组件与屋顶间留有一定间隙，用于通风散热；

另一种是将光伏组件直接与屋顶结合形成整体，也叫作光伏方阵与屋顶的集成，如光电瓦、光电采光顶等。

5.2.5.4 **墙壁安装**

与屋顶安装一样，墙壁安装也大致分为两种：一种是以墙壁为支撑物，在墙壁上通过支架或专用构件将光伏组件固定组成方阵，即把组件方阵外挂到建筑物不采光部分的墙壁上；另一种是将光伏组件做成光伏幕墙玻璃和光伏采光玻璃窗等光伏建材一体化材料，作为建筑物外墙和采光窗户材料，直接应用到建筑物墙壁上，形成光伏组件与建筑物墙壁的集成。

5.3 离网系统的容量设计与计算

5.3.1 简单负载的系统容量设计方法

光伏组件的容量设计要满足负载年平均日用电量的需求。所以，设计和计算光伏组件容量大小的基本方法是用负载平均每天所需要的用电量（单位为W·h或kW·h）为基本数据，以当地太阳能辐射资源参数（如峰值日照时数、年辐射总量等）为参照数据，并结合一些相关因素数据或系数进行综合计算。蓄电池的设计主要包括蓄电池容量的设计计算和蓄电池组串、并联组合的设计。

设计和计算光伏系统容量，有很多种方法和公式。最常用的方法有两种：一种是以峰值日照时数为依据的简单负载容量计算方法；另一种是以峰值日照时数为依据的多路负载容量计算方法，本节就先介绍第一种计算方法。

单路负载光伏组件和蓄电池容量计算常常用下面介绍的公式计算，这是一个相对简单的计算公式，常用于小型离网太阳能光伏发电系统的快速设计与计算，也可以用于对其他计算方法的验算。其主要参照的太阳能辐射参数是当地峰值日照时数。具体计算公式为

光伏组件功率 =（用电器功率 × 用电时间 / 当地峰值日照时数）× 损耗系数蓄电池容量 =（用电器功率 × 用电时间 / 系统电压）× 连续阴雨天数 × 系统安全系数

在本公式中，光伏组件功率、用电器功率的单位都是瓦（W）；用电时间和当地峰值日照时数的单位为小时（h）；蓄电池容量单位为安时（A·h）；系统电压是指在系统中确定的蓄电池或蓄电池组的工作电压，单位为伏（V）。

因为光伏组件的发电量并不能100%地转化为用电量，在设计时要考虑光

伏组件灰尘遮挡影响的转换效率，光伏控制器在充放电控制过程中的损耗以及蓄电池充放电过程中的损耗等。因此，光伏组件功率计算公式中的损耗系数主要是指线路损耗、控制器、逆变器等接入损耗、光伏组件玻璃表面脏污及安装倾角不能兼顾冬季和夏季等因素造成的损耗等。损耗系数可根据经验及系统具体情况在 1.6 ～ 2 的范围内选取。各种损耗越大，系数取值越高。

蓄电池容量计算公式中的系统安全系数主要是为蓄电池放电深度（剩余电量）、冬天低温时放电容量减小以及逆变器转换效率等因素所加的系数，计算时也可根据经验及系统具体情况在 1.6 ～ 2 的范围内选取。各种影响因素越大，系数取值越高。

5.3.2　多路负载的系统容量设计方法

为了确定用户所有负载的总用电量，也就是用户平均每天需要消耗的电量（kW・h），就需要确定用户每个负载的用电量。所以要了解各用电负载的功率（W）、每日运行总的时间（h）、每周使用的天数等。如果系统中各用电器每日耗电量都相同，可以用每日负载耗电量统计表（表 5–1）进行统计和计算。

表 5–1　负载耗电量统计表

负载名称	直流 / 交流	负载功率 /W	数量	合计功率 /W	每日工作时间 /h	每日耗电量 /W・h
负载 1						
负载 2						
负载 3						
负载 4						
合计						

在统计用户耗电量时，有时会遇到有些用电负载在一周内可能只运行几天，有些负载可能每天都在运行的情况。对于一周内不是每天运行的负载，要先利用下列公式进行每天平均用电量的单独计算，然后再和其他负载用电量一起统计。

每日平均用电量（W・h）= 用电器功率（W）× 日运行小时（h）× 周运行天数 / 天（周）

例如，用户的一台全自动洗衣机功率是 230 W，每周使用 3 天，每次使用 55 min，利用上面的公式计算平均每天的耗电量为

230 W × 0.92 h=211.6 W・h ≈ 0.222（kW・h）

该洗衣机每次使用的耗电量为 0.222 kW・h，如果每周使用 3 天，那么这台洗衣机的每日平均耗电量为 211.6 W・h × 3 d/7 d=91 W・h/d。把洗衣机一周的耗电量平均到每一天，得到的值要稍高于不使用洗衣机那些天的值，而低于使用洗衣机那几天的值，这种计算方法得到的耗电量是比较合理的。

一周内各负载运行的平均用电量的情况统计，基本可以反映用户每个月以及全年的负载运行情况。

多路负载每日耗电量不相同时，需要用负载耗电量统计表（表 5–2）进行统计和分别计算。在此表中，以某个家庭用离网光伏发电系统为例，进行负载日耗电量的统计计算。

表 5–2　负载耗电量统计表

负载电器	数量	负载功率 /W	每日工作时间 /（h/d）	每周工作天数 /d	合计功率 /W	周总功率 /W	每日耗电量（W・h/d）
220 L 电冰箱	1	120	11	7	120	9 240	1 320
50 英寸（127 m）液晶电视	1	180	4	6	180	4 320	617
网络机顶盒	1	25	4	6	25	600	86
全自动洗衣机	1	230	0.92（55 min）	3	230	634.8	91
LED 照明灯	5	15	4	7	75	2 100	300
组合音响	1	80	6	7	80	3 360	480
台式电脑	1	300	4	4	300	4 800	686
总计	—	—	—	—	1 010	—	3 580

5.3.2.1 光伏组件（方阵）发电容量的计算

根据统计出的负载每日总耗电量，利用下列公式就可以计算出光伏组件（方阵）需要提供的发电容量。

光伏组件（方阵）发电容量（W）= 负载日耗电量（W·h）/ 峰值日照时数（h）/ 系统效率系数

式（5-8）中的系统效率系数主要与下列因素有关：

（1）光伏组件的功率衰降。在光伏发电系统的实际应用中，光伏组件的输出功率（发电量）会因为各种内外因素的影响而衰减或降低，如灰尘的覆盖、组件自身功率的衰降、线路的损耗等各种不可量化的因素，在交流系统中还要考虑交流逆变器的转换效率因素。因此，设计时要将造成光伏组件功率衰降的各种因素按 10% 的损耗计算。如果是交流光伏发电系统，还要考虑交流逆变器转换效率的损失也按小功率逆变器 10% ～ 15%，大功率逆变器 5% ～ 10% 计算。这些实际上都是光伏发电系统设计时需要考虑的安全系数。设计时为光伏组件留有合理余量，是系统年复一年长期正常运行的保证。

（2）蓄电池的充放电损耗。在蓄电池的充放电过程中，光伏组件产生的电流在转化储存的过程中会因为发热、电解水蒸发等产生一定的损耗。也就是说，蓄电池的充电效率根据蓄电池的不同一般只有 90% ～ 95%，因此在设计时要根据蓄电池种类的不同将光伏组件的功率增加 5% ～ 10%，以抵消蓄电池充放电过程中的耗散损失。

确定系统效率系数：①光伏组件功率衰降、线路损耗、尘埃遮挡等的综合系数，一般取 0.9；②交流逆变器的转换效率，小功率逆变器取 0.85 ～ 0.9，大功率逆变器取 0.9 ～ 0.95；③蓄电池的充放电效率，一般取 0.9 ～ 0.95。这些系数可以根据实际情况进行调整。

计算出光伏组件或方阵的总容量功率后，选择额定功率适合的光伏组件，用总容量除以选择的组件容量，就可以计算出需要的组件数量了。

在进行光伏组件的设计与计算时，还要考虑季节变化对系统发电量的影响。因为在设计和计算得出组件容量时，一般都是以当地太阳能辐射资源的参数如峰值日照时数、年辐射总量等数据为参照的，这些数据都是全年平均数据，参照这些数据计算出的结果，在春、夏、秋季一般都没有问题，冬季可能就会有点欠缺。因此，有条件时或设计比较重要的光伏发电系统时，最好以当地全年每个月的太阳能辐射资源参数分别计算各个月的发电量，其中的最大值就是一年中所需要的光伏组件的数量。例如，某地计算出冬季需要的光伏组件数量是

8 块，但在夏季可能有 5 块就够了，为了保证该系统全年正常运行，就只好按照冬季的数量确定系统的容量。

5.3.2.2　蓄电池和蓄电池组的容量设计

蓄电池的任务是在太阳能辐射量不足时，保证系统负载的正常用电。要在几天内保证系统的正常工作，就需要在设计时引入一个气象条件参数，即连续阴雨天数。这个参数在前文中已经做了介绍，一般计算时都以当地最大连续阴雨天数或用户需要保证供电的连续阴雨天数为设计参数，但也要综合考虑负载对电源的要求。

蓄电池的设计主要包括蓄电池容量的设计计算和蓄电池组串、并联组合的设计。在光伏发电系统中，目前使用的大部分都是铅酸蓄电池，也有少量锂电池，主要是考虑到技术成熟和成本等因素，因此下面介绍的设计和计算方法以铅酸蓄电池为例。

首先将负载每天需要的用电量乘以根据当地气象资料或实际情况确定的连续阴雨天数，就可以得到初步的蓄电池容量。然后将得到的蓄电池容量数除以蓄电池容许的最大放电深度系数。由于铅酸蓄电池的特性，在确定的连续阴雨天内绝对不能 100% 地放电而把电用光，否则蓄电池会在很短的时间内寿终正寝，大大缩短使用寿命。因此需要除以最大放电深度系数，得到所需要的蓄电池容量。最大放电深度的选择需要参考蓄电池生产厂家提供的性能参数资料。一般情况下，浅循环型蓄电池选用 50% 的放电深度，深循环型蓄电池最多选用 60% ～ 75% 的放电深度，锂电池选用 80% ～ 85% 的放电深度。蓄电池容量的计算公式为

蓄电池（组）容量 = 负载日耗电量（W · h）× 连续阴雨天数 × 放电率修正系数 ÷ 系统直流电压（V）÷ 逆变器效率 ÷ 蓄电池放电深度 ÷ 低温修正系数

公式中系统直流电压是指蓄电池或蓄电池组串联后的总电压。系统直流电压的确定要根据负载功率的大小，并结合交流逆变器的选型。确定的原则是：①在条件允许的情况下，尽量采用高电压，以减少线路损失，减少逆变器转换损耗，提高转换效率；②系统直流电压的选择要符合我国直流电压的标准等级，即 12 V、24 V、48 V、96 V、192 V 等。逆变器效率系数可根据设备选型在 0.85 ～ 0.93 的范围内选择。

对蓄电池的容量和使用寿命产生影响的另外两个因素是蓄电池的放电率和使用环境温度。

（1）放电率对蓄电池容量的影响。在此先对蓄电池的放电率做个简单介

绍。所谓放电率就是放电时间和放电电流与蓄电池容量的比率，一般分为 20 小时率（20 h）、10 小时率（10 h）、5 小时率（5 h）、3 小时率（3 h）、1 小时率（lh）、0.5 小时率（0.5 h）等。大电流放电时，放电时间短，蓄电池容量会比标称容量“缩水”；小电流放电时，放电时间长，实际放电容量会比标称容量增加。比如，容量 100 A · h 的蓄电池用 2 A 的电流放电能放 50 h，但要用 50 A 的电流放电就肯定放不了 2 h，实际容量就不够 100 A · h 了。蓄电池的容量随着放电率的改变而改变，这样就会对容量设计产生影响。当系统负载放电电流大时，蓄电池的实际容量会比设计容量小，会造成系统供电量不足；当系统负载工作电流小时，蓄电池的实际容量就会比设计容量大，会造成系统成本的无谓增加。特别是在光伏发电系统中应用的蓄电池，放电率一般都较慢，差不多都在 20 ～ 50 h（小时率）以上，而生产厂家提供的蓄电池标称容量是 10 h 放电率以下的容量。因此在设计时要考虑光伏发电系统中蓄电池放电率对容量的影响因素，并计算光伏发电系统的实际平均放电率，根据生产厂家提供的该型号蓄电池在不同放电速率下的容量，就可以对蓄电池的容量进行校对和修正了。当手头没有详细的容量 – 放电速率资料时，也可对慢放电率 20 ～ 100 h（小时率）光伏发电系统蓄电池的容量进行估算，一般相对应地比蓄电池的标准容量提高 2% ～ 10%，相应的放电率修正系数为 0.98 ～ 0.9。光伏发电系统的平均放电率计算公式为

平均放电率（h）= 连续阴雨天数 × 负载工作时间 ÷ 最大放电深度

对于有多路不同负载的光伏发电系统，负载工作时间需要用加权平均法进行计算，加权平均负载工作时间的计算方法为

负载工作时间 = 互负载功率 × 负载工作时间 ÷ 负载功率

根据式（5–10）、式（5–11）就可以计算出光伏发电系统的实际平均放电率，根据蓄电池生产厂商提供的该型号蓄电池在不同放电速率下的蓄电池容量，就可以对蓄电池的容量进行修正了。

（2）环境温度对蓄电池容量的影响。蓄电池的容量会随着蓄电池温度的变化而变化，当蓄电池的温度下降时，蓄电池的容量会下降，温度低于 0 ℃时，蓄电池容量会急剧下降；当蓄电池的温度升高时，蓄电池的容量略有升高。蓄电池的标称容量一般都是在环境温度 25 ℃时标定的，随着温度的降低，0 ℃时的容量下降到标称容量的 95% ～ 90%，–10 ℃时下降到标称容量的 90% ～ 80%，–20 ℃时下降到标称容量的 80% ～ 70%，所以必须考虑蓄电池的使用环境温度对其容量的影响。当最低气温过低时，还要对蓄电池采取相应的保温措施，如地埋、移入房间，或者改用价格更高的胶体型铅酸蓄电池、铅碳

蓄电池或锂离子蓄电池等。

当光伏发电系统安装地点的最低气温很低时，设计时需要的蓄电池容量就要比正常温度范围的容量大，这样才能保证光伏发电系统在最低气温时也能提供所需的能量。因此，在设计时可参考蓄电池生产厂家提供的蓄电池温度－容量修正曲线图，从该图上可以查到对应温度蓄电池容量的修正系数，将此修正系数纳入计算公式，就可以对蓄电池容量的初步计算结果进行修正了。如果没有相应的蓄电池温度－容量修正曲线图，也可以根据经验确定温度修正系数，一般 0 ℃时修正系数可在 0.95 ～ 0.9 范围内选取；−10 ℃时可在 0.9 ～ 0.8 范围内选取；−20 ℃时可在 0.8 ～ 0.7 的范围内选取。

另外，环境气温过低还会对最大放电深度产生影响。当环境气温在 −10 ℃以下时，浅循环型蓄电池的最大放电深度可由常温时的 50% 调整为 35% ～ 40%，深循环型蓄电池的最大放电深度可由常温时的 75% 调整到 60%。这样既可以提高蓄电池的使用寿命，又可以减少蓄电池系统的维护费用，同时系统成本也不会太高。

当确定了所需的蓄电池容量后，就要进行蓄电池组的串、并联设计了。下面介绍蓄电池组串、并联组合的计算方法。蓄电池都有标称电压和标称容量，如 2 V、6 V、12 V 和 50 A · h、300 A · h、1 200 A · h 等。为了达到系统的工作电压和容量，就需要把蓄电池串联起来给系统和负载供电，需要串联的蓄电池个数就是系统的工作电压除以所选蓄电池的标称电压。需要并联的蓄电池数就是蓄电池组的总容量除以所选定蓄电池单体的标称容量。蓄电池单体的标称容量可以有多种选择。例如，计算出来的蓄电池容量为 600 A · h，那么可以选择 1 个 600 A · h 的单体蓄电池，也可以选择 2 个 300 A · h 的蓄电池并联，还可以选择 3 个 200 A · h 或 6 个 100 A · h 的蓄电池并联。从理论上讲，这些选择都没有问题，但是在实际应用中，要尽量选择大容量的蓄电池以减少并联的数目。这样做的目的是尽量减少蓄电池之间的不平衡所造成的影响。并联的组数越多，发生蓄电池不平衡的可能性就越大。一般要求并联的蓄电池数量不得超过 3 组。蓄电池串并联数的计算公式为

蓄电池串联数 = 系统工作电压 ÷ 蓄电池标称电压

蓄电池并联数 = 蓄电池总容量 ÷ 蓄电池标称容量

5.4　并网系统的电网接入设计

5.4.1　并网要求及接入方式

5.4.1.1　并网要求

（1）对并网点的要求。分布式光伏发电系统根据容量及并网电压等级要求，可以实施单点并网或多点并网。并网点应设置在易于操作、可闭锁且具有明显开断点的位置，以确保电力设施检修维护人员的人身安全。

（2）系统接入功率。分布式光伏发电系统接入电网功率应根据接入电压等级、接入点实际情况控制。具体能够接入多大功率要从电网实际运行情况、电能质量控制、防孤岛保护等方面论证。一般接入功率的总容量要控制在所接主变、配变接入侧线圈额定容量的 30% 以内。T 接方式接入 10/20 kV 公用线路的光伏系统，其总容量宜控制在该线路最大输送容量的 30% 以内。

5.4.1.2　电压等级

光伏发电系统接入电压等级，既要满足地区电力网络的需要，又要根据光伏电站的容量、规划、一次性投资和长期运营费用等因素综合考虑。光伏发电并网电压接入等级可根据装机容量进行初步选择，一般 8 kW 及以下容量可接入 220 V 电网，8 ～ 400 kW 可接入 380 V 电网，400 ～ 6 000 kW（6 MW）可接入 10 kV（20 kV）电网，50 00 kW（5 MW）～ 30 000 kW（30 MW）可接入 35 kV 电网。总之，光伏发电系统接入电压等级应根据接入电网的要求和光伏发电站的安装容量，经过技术经济比较后，结合下列条件选择确定。

（1）光伏发电站安装总容量小于等于 1 MW 时，可采用 0.4 kV 电压等级，不能就地消纳时，也可采用 10 kV 等级。总容量小于或等于 1 MW 的光伏电站，大多数是分布式电站，当自发自用能就地消纳，并网电量基本不上网时，为降低造价和运营费用，优先采用 0.4 kV 等级。当不能就地消纳时，可以采用 10 kV 等级。

（2）光伏电站安装总容量大于 1 MW，在 30 MW 以内时，可以根据情况采用 10 ～ 35 kV 电压等级。母线电压在 10 kV、20 kV 和 35 kV 三种等级中选择，主要取决于其综合技术经济效益和光伏电站周边电网的实际情况。

5.4.1.3 并网接入方式

光伏发电系统的并网接入一般有专线接入方式、T 接接入方式和用户侧接入方式三种。

5.4.1.4 并网接入线缆导线截面积选择

光伏发电系统并网接入导线截面积的选择应遵循以下原则：

（1）光伏发电并网接入导线截面积选择需根据所要输出的容量、并网电压等级选取，并考虑光伏发电系统发电效率等因素。

（2）光伏发电并网接入导线截面积一般按持续极限输送容量选择。

（3）应结合并网地配电网规划与建设情况选择适合的导线。一般 380 V 并网线缆可选用 70 mm^2、120 mm^2、150 mm^2、185 mm^2、240 mm^2 等截面积，10 kV 并网线缆可选用 70 mm^2、185 mm^2、240 mm^2、300 mm^2 等截面积，10 kV 架空线缆可选用 70 mm^2、120 mm^2、185 mm^2、240 mm^2 等截面积，20 kV 架空线缆可选用 185 mm^2、240 mm^2、300 mm^2 等截面积。

5.4.2 并网计量电能表的接入

5.4.2.1 电能计量接入要求

光伏发电系统要在发电侧和电能计量点分别配置、安装专用电能计量装置。电能计量装置要校验合格，并通过电力公司认可或发放投入使用。光伏电站接入电网前，应明确上网电量和使用电网电量的计量点，计量点原则上设置在产权分界的光伏发电系统并网点。每个计量点都要装设电能计量装置，其设备配置和技术要求要符合《电能计量装置技术管理规程》（DL/T 448—2016）以及相关标准和规范等。

中型以上光伏电站的同一计量点应安装同型号、同规格、同精确度的主、副电能表各一套，主、副表应有明确的标识。

电能表一般采用静止式多功能电能表，技术性能符合《多功能电能表》（DL/T 614—2007）的要求，至少应具备双向有功和四象限无功计量功能、事件记录功能，要配置标准通信接口，具备本地通信和通过电能信息采集终端远程通信的功能。

5.4.2.2 电能表接线方式

（1）对于低压供电，当负荷电流在 50 A 及以下时，宜采用直接接入式电能表；当负荷电流在 50 A 以上时，宜采用经电流互感器接入式的接线方式。

（2）接入中性点绝缘系统的电能计量装置，应采用三相三线有功、无功电能表；接入非中性点绝缘系统的电能计量装置，应采用三相四线有功、无功电能表或 3 只感应式无止逆单相电能表。

（3）接入中性点绝缘系统的 3 台电压互感器，35 kV 及以上的宜采用 Y/y 方式接线；35 kV 以下的宜采用 V/v 方式接线。接入非中性点绝缘系统的 3 台电压互感器，宜采用 Y_0/y_0 方式接线，其一次侧接地方式和系统接地方式相一致。

（4）对三相三线制接线的电能计量装置，其 2 台电流互感器二次绕组与电能表之间宜采用四线连接。对三相四线制连接的电能计量装置，其 3 台电流互感器二次绕组与电能表之间宜采用六线连接。

图 5–4 所示为几种电能表内部接线图。图 5–5 所示为低压电路三相四线电能表接电流互感器的接线图，一般要求三只电流互感器安装在断路器负载侧，三相相线电缆从互感器中穿过，电能表 1、4、7 端为三相电流进线端，依次接 *A*、*B*、*C* 互感器的 S_1（P_1）端，电能表 3、6、9 端为三相电流出线端，依次接 *A*、*B*、*C* 互感器的 S_2（P_2）端，电能表 2、5、8 端为三相电压端，依次通过跳线与 *A*、*B*、*C* 三相连接，输入、输出中性线 N 接电能表的 10 端。电流互感器的外壳接地端统一与配电箱内接地端连接。

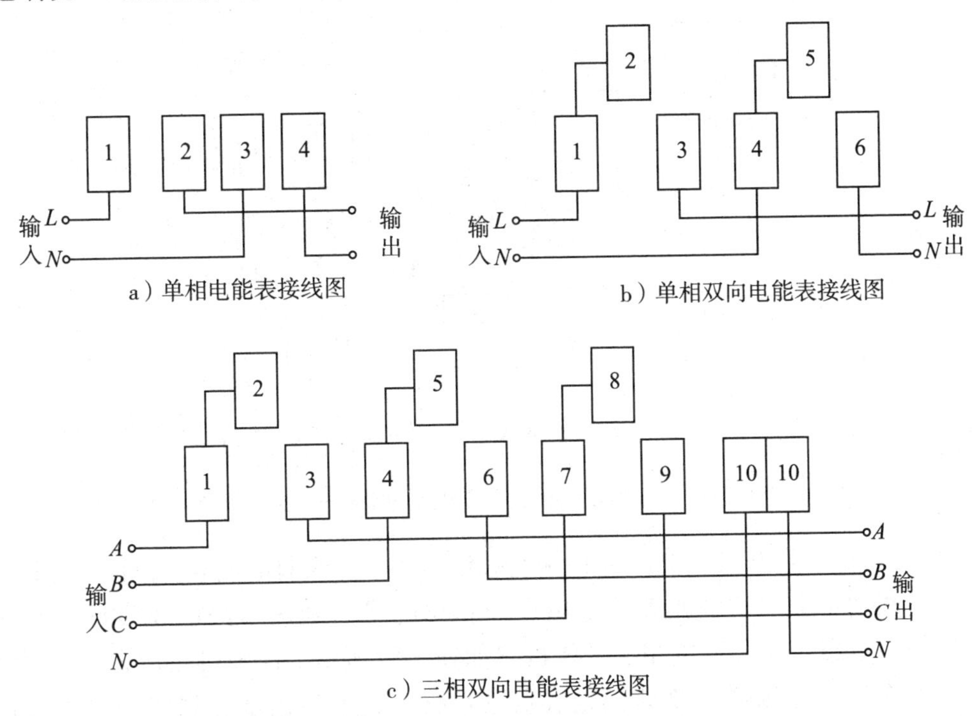

图 5–4　几种电能表内部接线图

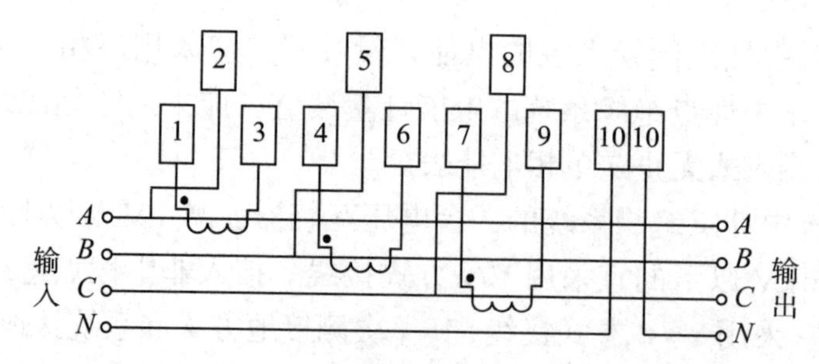

图 5-5 低压电路三相四线电能表接电流互感器接线图

5.4.2.3 电能表在并网电路中的几种接法

（1）单相并网接法一。单相并网接法一（1 个双向电能表 +1 个单相电能表）是利用 1 个单相电能表计量光伏发电系统的总发电量，利用双向电能表计量光伏余电上网电量和用户的市电实际用电量，具体接线如图 5-6 所示。

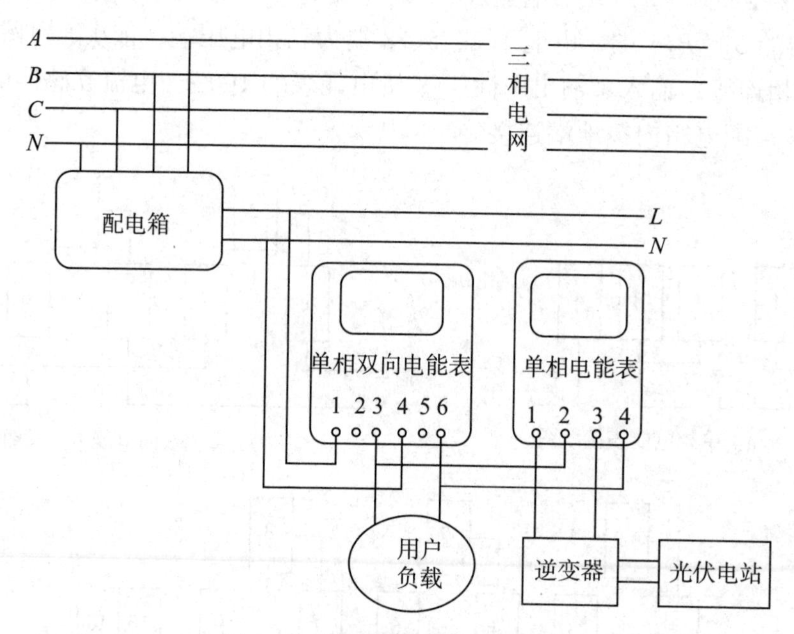

图 5-6 单相并网电能表接法一

（2）单相并网接法二。单相并网接法二（1 个双向电能表 +1 个单相电能表）是利用 1 个单相电能表计量用户的总用电量，利用双向电能表计量光网电量和用户市电实际用电量，具体接线如图 5-7 所示。这种接法适合用于“完全自发自用”的场合，要计量光伏发电系统总发电量需要通过各个电能表计量数字的加减，计算不是很方便。

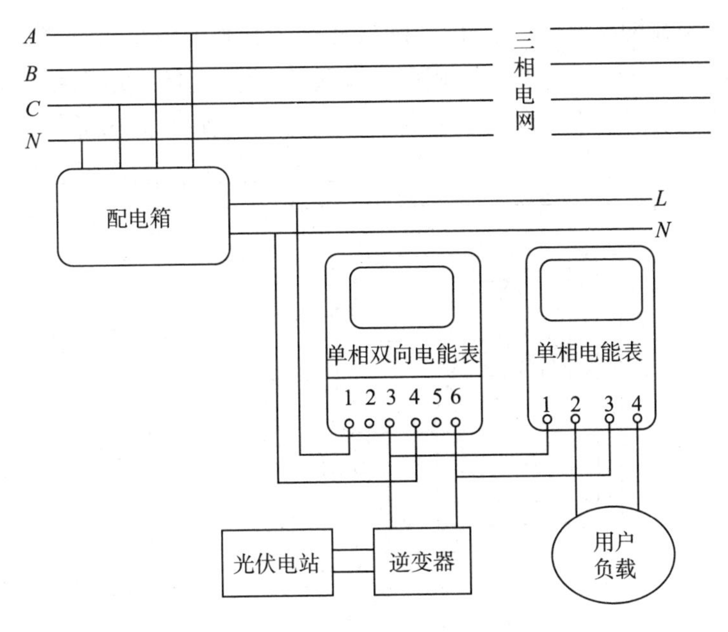

图 5-7　单相并网电能表接法二

（3）单相并网接法三。单相并网接法三（1 个双向电能表 + 2 个单相电能表）这种接法是利用 1 个单相电能表计量光伏发电系统的总发电量，利用另一个单相电能表计量用户的总用电量，利用双向电能表计量光伏余电上网电量和用户的市电实际用电量，具体接线如图 5-8 所示。

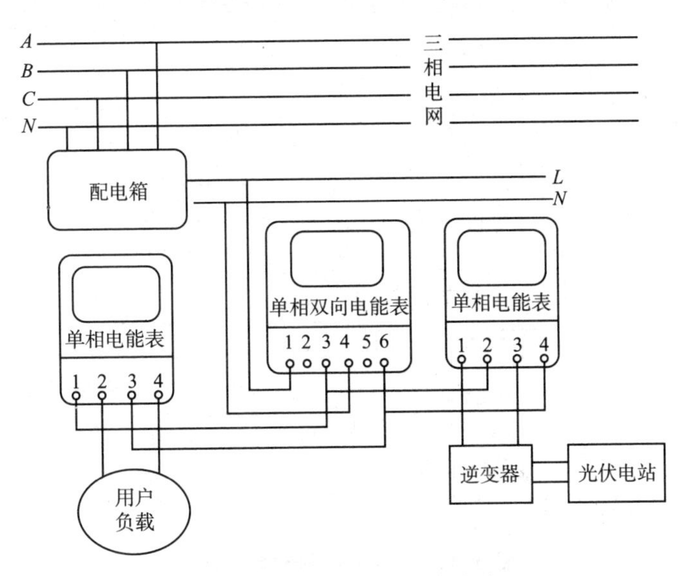

图 5-8　单相并网电能表接法三

（4）三相并网接法一。三相并网接法一（1 个三相双向电能表 + 1 个单相电能表）这种接法是利用 1 个三相双向电能表计量光伏发电系统的总发电量，利用单相电能表计量用户的实际用电量，具体接线如图 5-9 所示。

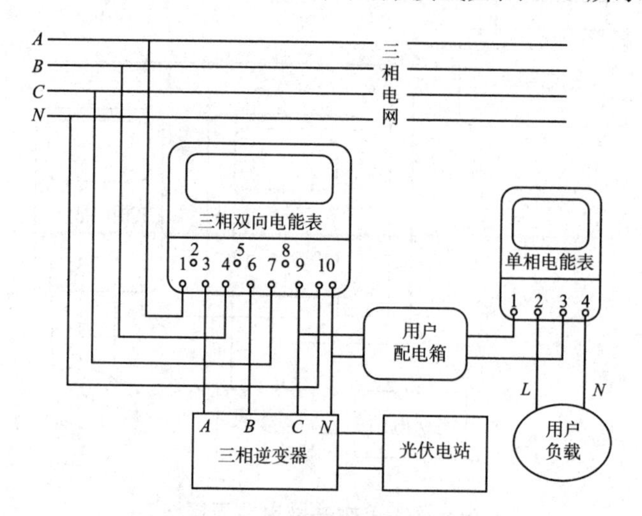

图 5-9　三相并网电能表接法一

（5）三相并网接法二。三相并网接法二（2 个三相双向电能表 + 1 个单相电能表）这种接法是利用 1 个三相双向电能表计量光伏发电系统的总发电量，利用单相电能表计量用户的实际总用电量，另 1 个三相双向电能表计量光伏发电系统的余电上网量和用户市电使用量，具体接线如图 5-10 所示。

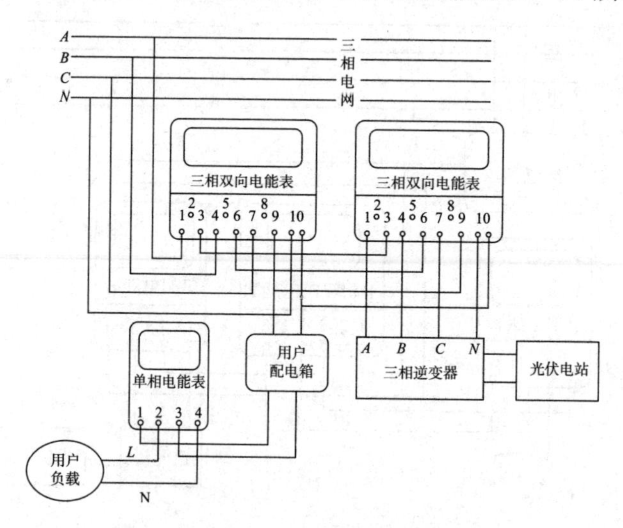

图 5-10　三相并网电能表接法二

（6）三相并网接法三。三相并网接法三（2 个三相双向电能表）是利用 1

个三相双向电能表计量光伏发电系统的总发电量，另 1 个三相双向电能表计量光伏发电系统的余电上网量和用户市电使用量，具体接线如图 5-11 所示。

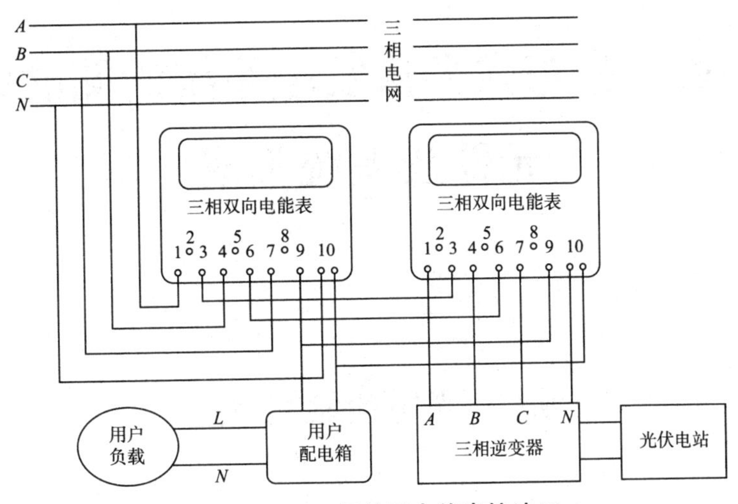

图 5-11　三相并网电能表接法三

第6章　分布式光伏发电系统的储能后备元件及系统集成

6.1　蓄电池储能系统

应用于光伏系统中的蓄电池的工作条件和蓄电池应用在其他场合的工作条件不同，其主要区别可以概括如下：①充电率非常小；②放电率非常小；③由于受到自然资源的限制，蓄电池只有在有日照时才能充电，即蓄电池的充电时间受到限制；④不能按给定的充电规律对蓄电池进行充电。

光伏发电系统中用到的蓄电池既有铅酸蓄电池和碱性蓄电池等常规的蓄电池，也有锂电池、燃料蓄电池等新型储能装置。本节主要介绍铅酸蓄电池和碱性蓄电池。

国内开始使用较多的是常规的铅酸蓄电池。其主要类型包括：①固定式铅酸电池，多应用于大型光伏电站和通信系统，使用时需要经常维护；②工业型密封蓄电池，主要用于通信、军事等工业光伏发电系统，它不需维护，便于安装，但是价格较贵，寿命较短；③小型密封蓄电池，大多数为6 V、12 V组合电池，其使用寿命更短，价格更贵，常用于户用光伏发电系统；④汽车、摩托车启动用电池，其价格最便宜，但寿命最短，安装麻烦，需加水和经常维护，而且有酸雾污染。铅酸蓄电池的优点是造价低、使用简单、维修方便、原材料丰富、能够实现大规模生产，从而获得了大量使用。其不足之处是体积较大，效率受环境温度影响较大，且铅为有毒物质，有一定的危险性。目前，光伏发电系统中所使用的蓄电池仍以铅酸蓄电池为主。其中，VRLA蓄电池是发展得非常成熟的产品，其整体采用密封结构，不存在普通铅酸蓄电池的气胀、电解液渗漏等现象，使用安全可靠、寿命长，且正常运行时无须对电解液检测和调酸加水，又称免维护蓄电池。

一般地，以 KOH、NaOH 水溶液为电解质的蓄电池称为碱性蓄电池，包括铁镍蓄电池、镉镍蓄电池、镍氢蓄电池、氢化物镍以及锌银蓄电池等。常用的镉镍碱性蓄电池由氢氧化镍正极板、镉负极板和隔膜等组成。电解液为氢氧化钾水溶液加适量的氢氧化锂。碱性蓄电池能量密度高、体积小，但价格高、效率不高。典型的碱性蓄电池有镍氢蓄电池，其具有较好的充放电特性，使用寿命较长。镍氢蓄电池中，不采用价格很昂贵的有毒物质金属镉，所以镍氢蓄电池生产、使用以及废弃后，不会污染环境。镍氢蓄电池无记忆效应，可随时充电，而且充电前不需要先放空电，使用非常方便。所以该蓄电池为光伏发电系统中优先推荐的蓄电池种类。

当今国内外在光伏系统中主要使用的蓄电池有开口铅酸蓄电池、阀控铅酸蓄电池、镍钙蓄电池、镍氢蓄电池、镉镍蓄电池。在这三大类电池中，开口铅酸蓄电池由于在其使用过程中存在水的易挥发、易泄漏和比容量低等缺点，而镍钙蓄电池、镍氢蓄电池容量虽大，但价格昂贵，免维护蓄电池（VRLA）由于容量大、价格低、自放电率低、结构紧凑、寿命长、基本免维护等优越性，对于无人值守或缺少技术人员的偏远地区使用特有利，因此在独立光伏发电系统中大量应用。

6.1.1　铅酸蓄电池特性分析

蓄电池充放电过程是化学能和电能相互转换的过程。下面对铅酸蓄电池在充、放电过程中所发生的化学反应进行说明。铅酸蓄电池接上负载放电时，外电路便有电流通过。放电过程中两极发生的电化学反应为

负极反应式为 $Pb+SO_4^{2-} \rightarrow PbSO_4+2e^-$

正极反应式为 $PbO_2+4H^++SO_4^{2-}+2e^- \rightarrow PbSO_4+2H_2O$

将正负电极反应相加，就可以得到铅酸蓄电池在放电过程中的总反应：

$$PbO_2+2H_2SO_4+Pb \rightarrow PbSO_4\text{（负极）}+2H_2O+PbSO_4\text{（正极）}$$

从上述电极反应和电池反应可以看出，Pb 以极大速率溶解，在夺取界面电解液中的 H_2SO_4 的同时，向外电路提供电子。而 PbO_2 以极大速率吸收外电路的电子，并以低价态的 Pb^{2+} 形式在电极表面形成 $PbSO_4$。

铅酸蓄电池在充电时的反应正好是放电时的逆反应。蓄电池的端电压是蓄电池容量的一个重要标志，可以通过检测端电压来检测蓄电池的容量。所以这里主要介绍蓄电池充放电时端电压的变化。蓄电池在恒定电流作用下充放电过程中端电压的变化情况如图 6–1 所示。

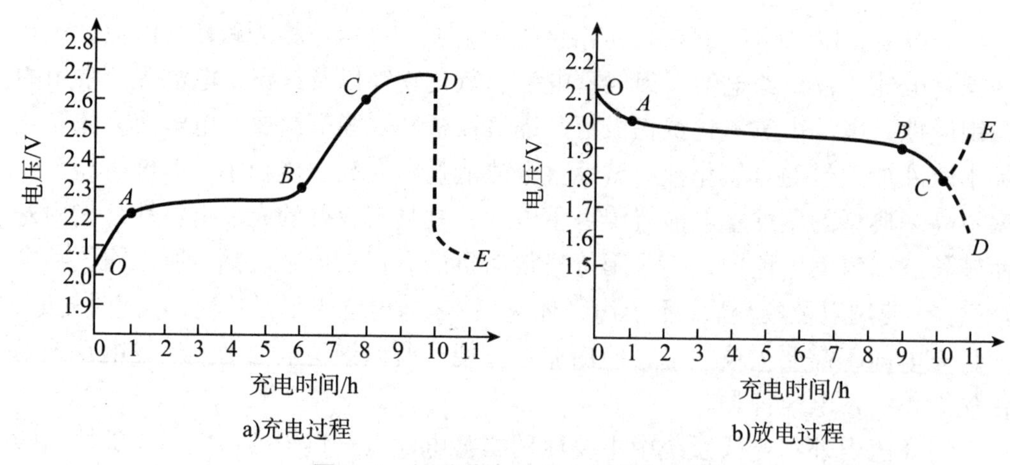

图 6–1　铅酸蓄电池端电压变化曲线

图 6–1a）表明，铅酸蓄电池充电时电压是不断变化的。在充电初期，蓄电池的端电压升高很快（曲线中 *OA* 段），这是由于活性物质转化为 PbO_2 和 Pb 时，在极板活性物质微孔内形成的 H_2SO_4 来不及向极板外扩散，引起电势增高。充电中期，由于活性物质微孔中 H_2SO_4 增加的速度和向外扩散的速度渐趋平衡，故电压增高缓慢（*AB* 段）。充电后期，极板上的 $PbSO_4$ 已大部分变成 PbO_2 和 Pb。此时电压升至 2.5 V 以上，继续充电，则电压升高，导致电解水生成氢和氧，电极上出现气泡。继续再充，则此时充电电流绝大部分用于电解水，最后到达 2.7 V 左右时，充电电流可以认为全部用来电解水，此时电池已充满电。停止充电后，则电压立即骤降至 2.3 V，最后慢慢降至 2.06 V 左右的稳定状态。

铅酸蓄电池放电时端电压也是不断变化的，如图 6–1b）所示。开始时，端电压下降很快（*OA* 段），这是极板微孔内形成的水分骤增，使其中 H_2SO_4 浓度骤减。放电中期，极板微孔中水分生成，与此同时极板外浓度较高的 H_2SO_4 渗入取得了动态平衡，所以端电压下降较慢，形成 *AB* 段平台。放电电流越大，平台就越短，甚至没有平台；放电电流越小，平台就越长。放电末期极板上的活性物质已大部分转化为 $PbSO_4$，阻挡外部 H_2SO_4 的渗入，电压下降较快，放电应当停止。此时的电池电压称为放电终止电压。电池的放电电流越大，终止电压越低；反之，小电流放电时的终止电压就会比较高。

图 6–2 所示为简单的铅酸蓄电池模型，模型中电容 *C* 是根据蓄电池的额定 A · h 数及在蓄电池充满电和全放电时的电压决定的。利用它能在几分钟内获得蓄电池的动态特性。不过只有在蓄电池不在充满电和全放电状态时，才具有好的仿真特性。1990 年，R. Giglioli、P. Menga 等人提出了铅酸蓄电池充放电的四阶动态模型，即采用电阻、电容网络电路模拟蓄电池的各种行为特征来对

蓄电池的充放电行为进行描述。由于四阶模型过于复杂，各电路元件参数难于确定，后来 M. Ceraolo 在此基础上提出更为简化的三阶动态模型。其等效电路图如图 6–3 所示。模型由主反应支路和寄生之路两部分组成，其中 RC 网络和电压源 E_m 构成主反应支路，电流 I_P 的走向为寄生支路。主反应支路考虑了电路内部的电极反应、能量散发和欧姆效应；寄生支路则主要考虑充电过程中的吸气反应，并以代数形式表示。

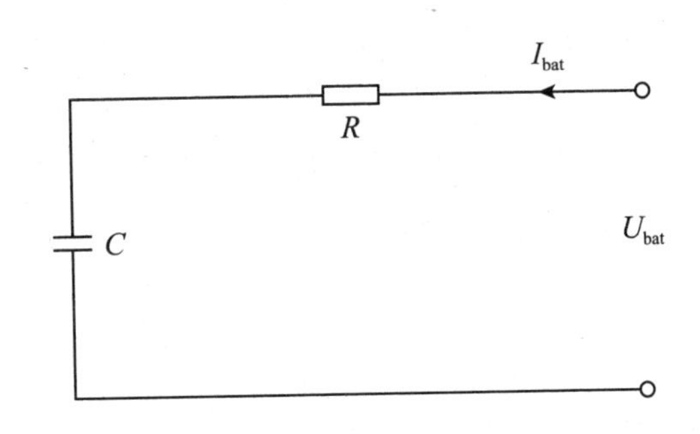

图 6–2　简单的铅酸蓄电池模型

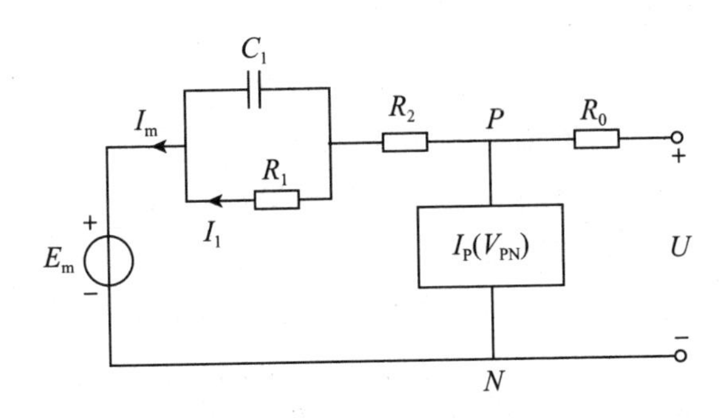

图 6–3　蓄电池充放电的三阶模型等效电路

6.1.2　蓄电池充放电控制方法

因充放电控制不合理而造成的 VRLA 蓄电池寿命终结的比例较高。VRLA 蓄电池早期容量损失、不可逆硫酸盐化、热失控、电解液干涸等都与充放电操作控制的不合理有关。在了解蓄电池充放电特性后，如何合理控制充放电过程是光伏发电系统中蓄电池应用的关键。对于蓄电池来说，电池标准规定了以下几个相关的参数，来规范蓄电池的充放电过程，以防止蓄电池容量损失或寿命过短。

（1）放电终止电压。指电池放电时的终止电压值。它是为了防止蓄电池过放电而规定的，蓄电池放电电压不能低于放电终止电压。

（2）最大允许充电电流。指允许的最大充电电流。如果蓄电池充电电流超过这个规定值，即在更大电流下充电，会产生极化现象，并会严重阻碍电解化学反应的进行，最终导致蓄电池的不可逆反应。此外，大电流充电会造成极板活性物质脱落损坏，使蓄电池升温和出气加重，导致蓄电池容量损失或过早失效。

（3）最大允许放电电流。指允许的最大放电电流。过大的放电电流会使蓄电池极板弯曲变形，会产生过大的电压跌落而导致蓄电池的不正常关断。

（4）过充电压。蓄电池充电时，端电压大于设定的电压值时称为过充电压（析气电压）。过充时正极活性物质会受气体的冲击而脱落，使蓄电池寿命缩短。

蓄电池的可充电是蓄电池得以循环使用的关键。VRLA 蓄电池的充电方式按蓄电池的端电压、电流的控制方式不同，可分为恒流充电、恒压充电、恒压限流充电、两阶段“三阶段”恒压充电、快速充电和均衡充电六种充电方式。

6.1.2.1 恒流充电

恒流充电是指以一定的电流进行充电，在充电过程中随着蓄电池电压的变化要进行电流调整使之恒定不变。这种方法特别适合有多个蓄电池串联的蓄电池组充电，因为它可以使落后的蓄电池的容量得到恢复。这种充电方式的不足之处是，蓄电池开始充电时电流偏小，在充电后期充电电流又偏大，充电电压偏高，整个充电过程时间长，而且在充电后期，析出气体多，对极板冲击大，能耗高，充电效率不足 65%。由于析出气体较多，VRLA 蓄电池不宜使用此法。为避免充电后期电流过大，一种改进型的恒流方法得到应用，它就是分段恒流充电。这种方法相对原有方法就是在充电后期把电流减小了。在充电时，具体充电电流的大小、充电时间以及何时转换为小电流，必须参照蓄电池维护使用说明书中的有关规定进行设置，否则容易损坏蓄电池。

6.1.2.2 恒压充电

恒压充电是指以恒定电压对蓄电池进行充电。在充电初期，由于蓄电池电压较低，充电电流很大，但随着蓄电池电压的渐渐升高，电流逐渐减小。在充电末期只有很小的电流通过，这样在充电过程中就不必调整电流。相对恒流充电来说，此方法的充电电流自动减小，所以充电过程中析出气体量小，充电时间短，能耗低，充电效率可达 80%。

这种充电方式也有其不足之处：在充电初期，如果蓄电池放电深度过深，充电电流会很大，这不仅会危及充电控制器的安全，而且蓄电池也可能因过电流而受到损伤；如果蓄电池电压过低，后期充电电流又过小，充电时间过长，不适合对串联数量较多的蓄电池组充电。这种充电方式在小型光伏发电系统中常采用，由于其充电电源来自光伏阵列，其功率不足以使蓄电池产生很大的电流，而且在这样的系统中蓄电池串联数量不多。

6.1.2.3　恒压限流充电

恒压限流充电是指为克服恒压充电时初始电流过大而进行改进的一种方式。它是在充电电源与蓄电池之间串联一个限流电阻。当充电电流过大时，限流电阻上的电压降就会变大，从而减小了充电电压；当电流过小时，限流电阻上的电压降也会变小，从而使加到蓄电池上的电压增大。这样就自动调整了充电电流，使之在某个限定范围内，使充电初期的电流得到限制。虽然充电控制器输出的是恒压，但加在蓄电池上的电压不为恒压，因此也称这种方式为准恒压方式。串联电阻的可按下式计算：

$$R=\frac{U-2.1}{I}-R_{\mathrm{n}} \tag{6-1}$$

式中：U 为充电电压，V；

I 为充电电流，A；

R_{n} 为蓄电池的内阻。

这种采用串联电阻限流的方式对于光伏发电系统来说不是优化方案，因为串联电阻将消耗掉有限的电能，但如果采用电力电子变流器实现恒压限流则可以解决能耗的问题。

6.1.2.4　二阶段、三阶段充电

二阶段 / 三阶段充电是克服了恒流与恒压充电的缺点的一种充电策略。它要求首先对蓄电池采用恒流充电方式充电，当蓄电池充电到达一定容量后，采用恒压充电方式进行充电。这样蓄电池在初期充电不会出现很大的电流，在后期也不会出现高电压，使蓄电池产生析气。

在二阶段充电完毕，即蓄电池容量到达其额定容量（当时环境条件下）时，有些充电控制器会允许对蓄电池继续以小电流充电，以弥补蓄电池的自放电，这种以小电流充电的方式也称为浮充。这就是在两阶段基础上的第三阶段，但在这一阶段的充电电压要比恒压阶段的低。

6.1.2.5 快速充电

正常充电方式蓄电池容量从 0% 到 100%，一般需要 8 ～ 20 h，充电时间较长。在某些场合需要缩短充电时间，此时就需要采用快速充电。快速充电就是采用大电流和高电压对蓄电池充电，在 1 ～ 2 h 内把蓄电池充好。这种方式采用了不断脉冲充电和反向电流短时间放电相结合的方法，避免了蓄电池析气和电解液温度过高的问题。短时反向放电的目的是消除蓄电池大电流充电过程中产生的极化。这样就可以大大提高充电速度，缩短充电时间。当然脉冲充电电流、持续时间和放电电流以及持续时间必须根据蓄电池的要求进行。

6.1.2.6 均衡充电

均衡充电主要是为蓄电池组中某些蓄电池（组）由于电池特性或环境原因造成充电不均匀（主要是某些欠充），而以小电流进行的过充电方式。均衡充电可防止一些蓄电池出现早期容量损失。由于过充的缺点，这种方式不宜经常使用，但当出现下列情形之一时，应实施此方式充电：①蓄电池组长时间大电流放电；②蓄电池组中个别电压偏低，使全组蓄电池产生差别；③蓄电池组长时间放电没得到及时充电。

6.1.3 光伏发电系统中的充放电技术

6.1.3.1 光伏阵列直接充电

光伏阵列直接充电在小功率型的用户中大量使用。因为它的充电电路只需一个二极管，具有功耗低、电路简单等特点。但光伏阵列的输出电压随外界环境的变化而变化，所以当阵列输出电压低于蓄电池的电压时，不能对蓄电池进行充电。当设计较高的光伏阵列输出电压时，还可能对蓄电池造成过充，影响蓄电池的使用寿命。另外，蓄电池的电压基本稳定，使光伏阵列的输出电压也基本固定，从而可能使阵列输出功率不是在最大功率点处。在不增加较大成本的情况下，可对这种充电方式进行改进，即在蓄电池侧加装蓄电池过电压断开开关，使蓄电池不至于发生过充。

6.1.3.2 蓄电池恒压充电

为保护蓄电池，可以在太阳能光伏阵列的输出端增加恒压控制电路，使蓄电池保持在恒压状态下充电。这种充电方式大多采用 DC–DC 变换技术中的 Buck 电路来实现，其中控制采用 PWM 技术。为防止过大的充电电流和保护开关器件，可串联一个电抗器进行限流。

6.1.3.3　光伏阵列恒压（CVT）充电

在温度变化不大时，太阳能光伏阵列的最大功率点的电压基本稳定。因此通过设定光伏阵列在某一温度下的输出电压，即可使阵列在最大功率点附近工作，这样就充分利用了太阳能。当然。为保证蓄电池有效充电，可仕控制回路中增加蓄电池充电电压与电流的反馈，从而实现过电压和过电流保护，以及恒压充电控制；同时，为适应温度变化对光伏阵列的影响，应根据不同的温度或季节调节阵列的输出电压。调节方法有手动和微机自动调节两种。其中，微机自动调节是利用微处理器采集光伏阵列温度，根据温度查表或计算在当前温度下光伏阵列最大功率点的输出电压，并与自身现有电压值做比较后进行调节。这种充电方式既考虑了蓄电池的过充和过电流保护，又兼顾了太阳能光伏阵列的最大功率输出，而且运行稳定，是一种较先进的充电方式，但对蓄电池的高效充电欠考虑。

6.1.3.4　光伏发电系统中的均衡充电

均衡充电在光伏发电系统中有重要的意义。光伏发电系统经常是以小电流放电，易形成蓄电池的酸层化，定期均衡充电可以使电解液混合，阻止层化的出现。实现均衡充电的方式有很多，图 6-4 所示为其中的一种，它是串联型的均衡充电电路，每个单体蓄电池都有各自的均衡充电电源和控制开关 S，并且能通过串联的分流器 R_S 测量到各单个蓄电池的充电电流，从而有利于了解单个蓄电池的荷电状态。

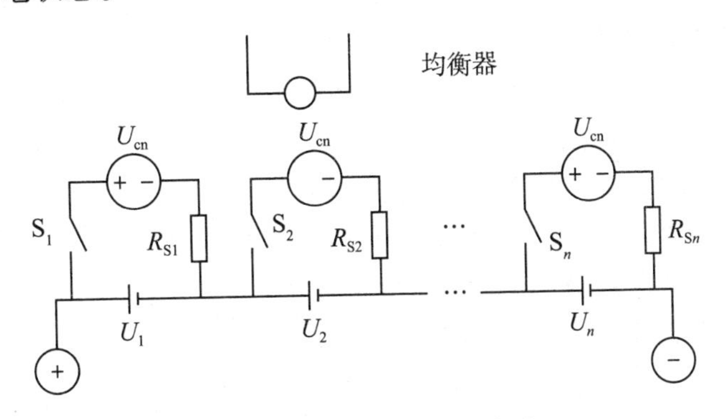

图 6-4　一种均衡充电方法

6.2 超级电容储能系统

超级电容是20世纪60年代发展起来的一种介于电池和传统电容器之间的新型储能器件，具有法拉级的超大电容量，比同体积的电解电容容量大2 000～6 000倍，功率密度比电池高10～100倍，可以进行大电流充放电，且充放电效率高。超级电容的出现填补了传统的静电电容和化学电源之间的空白，并以其优越的性能及广阔的应用前景受到了各个国家的重视。超级电容有多种外观形式。超级电容的分类方法并未完全统一，一般认为超级电容包括电化学（Electrochemical Capacitor，EC）和双层电容器（Electric double lager Capacitor）两大类。超级电容器储能机理在1879年被Helmholz发现，但利用这个原理将大量的电能存储在物质表面，像电池一样用于实际目的的人是Becker。随后，美国Sohio公司开始利用基于高比表面的碳材料的双层电容。Conway于1975—1981年开发了另一种类型的准电容体系。日本NEC公司从1979年开始一直生产超级电容，并将该技术应用于电动汽车的电池启动系统，开始了超级电容器的大规模商业应用。

超级电容的工作原理是利用双电层原理的电容。当外加电压加到超级电容的两个极板上时，与普通电容一样，极板的正极板存储正电荷，负极板存储负电荷。在超级电容两极板上电荷产生的电场作用下，电解液与电极间的界面上形成相反的电荷，以平衡电解液的内电场，这种正电荷与负电荷在两个不同相之间的接触面上，以正负电荷之间极短间隙排列在相反的位置上，这个电荷分布层叫作双电层，因此电容容量非常大。当两极板间电势低于电解液的氧化还原电极上的电势时，电解液界面上电荷不会脱离电解液，超级电容为正常工作状态（通常为3 V以下）；如果超级电容两端电压超过电解液的氧化还原电极上的电势时，电解液将分解为非正常状态。随着超级电容放电，正、负极板上的电荷被外电路泄放，电解液的界面上的电荷相应减少。由此可以看出，超级电容的充放电过程始终是物理过程，没有化学反应，因此性能较为稳定。

在超级电容的应用中，由于其额定电压很低（不到3 V），常需要大量串联；由于经常需要大电流充放电，因此串联中的各个单体电容上电压是否一致是至关重要的。如果不采取必要的均压措施，会引起各个单体电容上电压差别较大，严重影响超级电容的性能和寿命。

超级电容多用于储能。充有电荷后静置状态下的电荷保持能力取决于漏电流。经过相对长的静置时间后；漏电流大的超级电容保持的电荷明显低于漏电流小的。因此放电时，漏电流大的先放电结束，而漏电流小的仍保持较多的电荷，充电时漏电流小的首先充电结束。

6.3　燃料电池后备系统

燃料电池是将所供燃料的化学能直接装置为电能的一种能量转换装置，是通过连续供给燃料从而连续获得电力的发电装置。它作为一种新型分布式发电装置，具有一定的优势，主要表现为：电池直接发电，能量转化的效率比较高；对环境无污染，不排出有害物质且噪声比较低；热电联供或与其他技术结合时其效率会更高；操作简单，建设周期比较短，可靠性比较高。目前燃料电池性能已经大大改进，成本也显著降低，正处于商业化示范阶段。燃料电池在分布式发电领域的应用已经从小型居民区的热电联供扩展到大型的中心发电站。在直流分布式光伏发电系统中，燃料电池不仅可以辅助光伏电池发电，满足负载需求，还可以为系统启动提供电能，并且改善系统的动态性能。

按照电解质种类不同，燃料电池可以分为五类：碱性燃料电池、磷酸盐燃料电池、熔融碳酸盐燃料电池、固体氧化物燃料电池和质子交换膜燃料电池（Proton Exchange Membrane Fuel Cell，PEMFC）。不同类型的燃料电池有其各自的特点，因此燃料电池具有非常广泛的应用领域。其中，磷酸盐燃料电池由于不存在严重的技术问题，已经成功应用于分散型或中心电站型发电厂，但是在现场发电系统方面，由于成本比较高，应用比较少。PEMFC 的功率范围比较大；工作温度低，其最佳工作温度为 80 ℃左右，在室温环境中也能正常工作；启动速度快，适用于频繁启动的场合。它能在较大电流密度下工作，具有比其他类型燃料电池更高的功率密度，特别适合分布式发电、便携式电源等领域。目前，它已经成功应用于固定发电厂、家用发电、居民家用分散型电源系统，是后备电源的最佳选择，并且有望解决燃料电池发电成本比较高的问题。下文关于燃料电池的基础理论都是以 PEMFC 为例进行描述的。

6.3.1　燃料电池的基本原理

以 PEMFC 为例，来对燃料电池的工作原理进行说明。阳极为氢电极，阴极为氧电极。通常，为加速电极上发生的电化学反应，阳极和阴极上都含有一定量的催化剂。两个电极之间是电解质，电解质为质子交换膜。

氢气通过导管或导气板到达阳极，在阳极催化剂的作用下，1 个氢分子解离为 2 个氢离子（质子），并释放出 2 个电子，阳极的反应为

$$H_2 \rightarrow 2H^{+}+2e^{-}$$

在阴极，氧气通过导管或导气板到达阴极，同时氢离子穿过电解质到达极，电子通过外部电路也到达阴极。在阴极催化剂的作用下，氧分子与氢离子和电子发生反应生成水，阴极的反应为

$$2H^{+}+(1/2)O_2+2e^{-} \rightarrow H_2O$$

总的化学反应为

$$H_2+(1/2)O_2+2e^{-} \rightarrow H_20$$

在这个反应过程中，转移的电子在外部电路中形成电流，同时释放电能。当工作温度为 80℃时，PEMFC 输出电压约为 1 V。这意味着要产生一个有用的电压，就必须将许多个电池单体以串联的方式连接起来。这样形成的电池组叫作电堆。通过电堆可以输出满足要求的电压和可以利用的功率。

6.3.2 燃料电池的输出特性

PEMFC 在反应生成液态水时的理想标准电势为 1.23 V，由于存在不可逆损失，电池的实际电势随输出电流的增加而减小。PEMFC 有三种极化会导致不可逆损失，分别是：活化极化、欧姆极化、浓差极化。其中，活化极化是指由于化学反应以及与电极表面上原子或分子产生吸附过程而使电池电压减小的现象。在电池输出电流较小时，活化极化会使电池电压建立对数下降区。欧姆极化是指由质子膜的等效膜阻抗和阻碍质子通过质子膜的阻抗产生电压降而使电池电压下降。当输出电流较大时，欧姆极化是主导因素，使得电池电压经历线性下降区。当输出电流趋于电池的极限电流时，质量传输问题影响氢气和氧气的浓度而导致浓差极化，使电池电压受到很大的影响，该区域电池电压呈指数下降。

6.3.3 燃料电池的数学模型

PEMFC 是一个非线性、多输入、强耦合的复杂动态系统，其动态特性研究对于电池的设计开发和实际应用有极其重要的作用。为了提高 PEMFC 系统运行的可靠性和稳定性，必须采用可行的控制方法，使得 PEMFC 系统在不同负载和负载突变的情况下，保持稳定的输出电压或做出快速的响应。因此，建立电池的数学模型，可以用于预测电池的性能，指导仿真和控制系统的设计。

大量文献研究了 PEMFC 的经验模型和机理模型，还有将经验与机理相结合得到的模型。这些模型由于考虑的变量不同，复杂程度也不同。其中，经验模型由于只是将电池电压表现为电流的函数，在实际预测和控制中有一定的局限性。机理模型要复杂得多，其复杂性限制了它在仿真和控制系统设计方面的应用。

PEMFC 模型研究涉及体力学、热力学和电化学等众多学科，所以下面只简单介绍一种比较有效的 PEMFC 数学模型，它有助于对 PEMFC 的特性分析、模型优化和实时控制系统的设计。

根据相关文献提出的 PEMFC 输出特性经验公式，单电池的输出电压可以表示为

$$U_{cell}=E_o-U_{act}-U_{oh}-U_{con} \tag{6-2}$$

式中：E_o——电池的平衡电动势；

U_{act}——活化过电压；

U_{oh}——欧姆过电压；

U_{con}——浓差过电压。

$$E_0=\frac{\dfrac{\Delta G}{2F}-\dfrac{\Delta S(T-T_{ref})}{2F}+RT(\ln P_{H_2}+\dfrac{\ln P_{O_2}}{2})}{2F} \tag{6-3}$$

式中，ΔG——吉布斯自由能；

F——法拉第常数；ΔS——标准摩尔熵；

T、T_{ref}——电池温度和参考温度；

R——气体常数；

P_{H_2}、P_{O_2}——氢气和氧气分压。

活化过电压 U_{act} 包括阳极过电压和阴极过电压两部分，表示为

$$U_{act}=\xi_1+\xi_2T+\xi_3T\ln(C_{O_2})+\xi_4T\ln I \tag{6-4}$$

式中，I——电池输出电流；

ξ_1、ξ_2、ξ_3、ξ_4——在流体动力、热动力以及电化学基础上通过实验数据拟

合得到的模型系数；

C_{O_2}——阴极催化剂界面溶解的氧气浓度。

欧姆过电压 U_{oh} 由两部分阻抗压降组成，表示为

$$U_{oh}=I(R_M+R_C) \tag{6-5}$$

式中，R_C——阻碍质子通过质子膜的阻抗；

R_M——等效膜阻抗，可由欧姆定律得到：

$$R_M=\frac{r_M l}{A} \tag{6-6}$$

式中，l——交换膜的厚度；

A——膜的活化面积；

r_M——交换膜的电阻率，可以用下式表示：

$$r_M=\frac{181.6\left[1+0.03(\frac{I}{A})+0.062(\frac{T}{303})^2(\frac{I}{A})^{2.5}\right]}{\{[\lambda-0.643-3(\frac{I}{A})]\exp[\frac{4.18(T-303)}{T}]\}} \tag{6-7}$$

式中：λ 交换膜的含水率，是一个可调参数。

浓差过电压 U_{con} 可以表示为

$$U_{con}=B\ln(1-J/J_{max}) \tag{6-8}$$

式中：B 是由 PEMFC 自身和它的工作状态决定的；

J、J_{max}——电流密度和最大电流密度。

在 PEMFC 中存在双层电荷层现象，即电子会聚集在电极表面，而氢离子会聚集在电解质表面。它们之间产生一个电压，通过在极化电阻两端并联一个等效电容 C，可使电极和电解质表面以及附近电荷层进行电荷和能量储存。等效电容能有效“平滑”等效电阻上的电压降，使 PEMFC 具有优良的动态特性。令等效电阻上的总极化过电压为 U_d，则单电池动态特性表示为

$$dU_d/dt=I/c-U_d/T \tag{6-9}$$

式中，T——时间常数 $T=CR_a=(U_{act}+U_{con})/I$，它随负载变化；

R_a——等效电阻，是活化过电压、浓差过电压和电流的函数。

最终，PEMFC 输出电压可以表示为

$$U_{cell}=E_o-U_{oh}-U_d \tag{6-10}$$

设定 PEMFC 电堆由 N 个相同的单电池串联而成，则电堆电压为

$$U_{stack}=NU_{cell} \tag{6-11}$$

最终得到了能表征 PEMFC 输出特性的数学模型。

6.3.4　燃料电池的控制实现

PEMFC 的输出电压是评定 PEMFC 系统性能的重要指标之一，在应用燃料电池供电时，需要保证在不同负载作用下，其输出电压稳定。由上面的分析可以得到电池输出电压是氢气和氧气压力、电池温度以及输出电流的函数，表示为

$$U_{\text{cell}}=5\left(P_{\text{H}_2},\ P_{\text{O}_2},\ T,\ I\right) \tag{6-12}$$

在 PEMFC 内部，氢气的压力受到流入氢气流量、流出氢气量和反应消耗氢气流量影响，根据能量守恒定律和理想气体状态方程，可表示为

$$\frac{V_{\text{a}}}{RT}\frac{\text{d}P_{\text{H}_2}}{\text{d}t}=m_{\text{H}_2}-K_{\text{a}}\left(P_{\text{H}_2}-P_{\text{H}_2,\text{B}}-0.5\text{NIF}\right) \tag{6-13}$$

式中：V_{a}——阳极流场总体积；

m_{H_2}——流入氢气流量；

K_{a}——阳极流量系数；

$P_{\text{H}_2,\text{B}}$——氢气排除压力。

同理，存在氧气压力特性方程式：

$$\frac{V_{\text{c}}}{RT}\frac{\text{d}P_{\text{O}_2}}{\text{d}t}=m_{\text{O}_2}-K_{\text{a}}\left(P_{\text{O}_2}-P_{\text{O}_2,\text{B}}-0.5\text{NIF}\right) \tag{6-14}$$

式中：V_{c}——阴极流场总体积；

m_{O_2}——流入氧气流量；

K_{a}——阴极流量系数；

$P_{\text{O}_2,\text{B}}$——氧气排除压力。

图 6-5 所示为 PEMFC 的系统控制结构，4 个输入量决定了电池输出电压的大小，其内部结构可以根据式（6-12）～式（6-14）搭建。

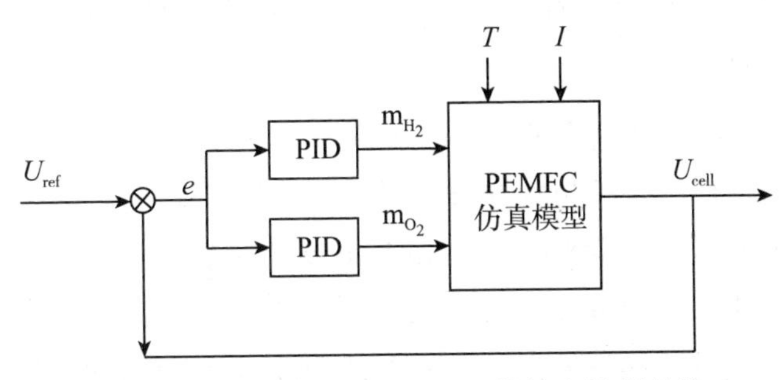

图 6-5　PEMFC 仿真模型及其输出控制结构

在电池温度和负载电流确定的情况下，阳极和阴极反应气体的流速便是影响 PEMFC 输出电压的主要因素。这样就可以采用 PI 调节器，并通过其输出来调整气体流速，从而改变气体压力，使输出电压达到预期电压值，具体实现的控制结构图已在图 6-5 中给出。其中，m_{H_2}、m_{O_2} 分别为流入阳极和阴极的氢气流量和氧气流量，e 为电压误差，T 为电池温度，I 为电池负载电流，U_{ref} 为电池输出电压参考值，U_{out} 为实际输出电压。这种 PI 调节器控制方式使得燃料电池在负载扰动情况下，保持输出电压恒定，在直流分布式系统中可以等效为一个恒压源。

6.4 光伏发电系统集成

6.4.1 光伏发电系统集成概况

6.4.1.1 变换器级系统集成

在可再生能源联合供电系统中，各输入源可以通过 DC–DC 或 DC–AC 变换器直接汇总到母线上，前者在电力、交通、通信等领域应用广泛，后者可直接为交流负载供电。直流母线与发电单元的连接方式主要有两种：一种是系统中的每种可再生能源通过一个单输入 DC–DC 变换器与母线相连。单输入变换器构成的系统器件数量较多，一次性投资与后期维护费用较高。另外，从控制角度上讲，每个输入源在独立控制的同时要保证与其他输入源协调工作，实际运行时需要建立端口间的通信网络，因此系统设计稍显复杂。另一种是所有的可再生能源通过一个多输入 DC–DC 变换器（Multi–input DC–DC Converter，MIC）与负载相连。MIC 就是将单输入变换器中具有相同功能的元器件复用，因此在一定程度上有助于提高系统功率密度，降低成本，也便于能量集中管理。多输入变换器拓扑构成灵活性强，对可再生能源兼容性强；输入源的性质、幅值和特性可以相同，也可以不同；多个输入源可以分时或同时向负载供电。

6.4.1.2 配电网级系统集成

除了以多端口变换器为代表的变换器级系统集成之外，一种面向未来的可再生电能配送和管理（Future Renewable Electric Energy Delivery and Management，FREEDM）系统中心正处于研究之中，以促进配电系统的现代化，其研究有助于制定有关未来智能电网实施与优化运行的标准。

以电力电子变流器为基础的固态变压器（SST）是 FREEDM 配电系统的关键部件之一。除了具备普通配电变压器的功能外，SST 还可直接连接分布供电单元和分布式储能单元，从而提高配电系统的可靠性。此外，SST 通过一个安全的通信网络实现配电智能化，以确保配电系统的稳定性和以最佳状态运行。另外，FREEDM 配电系统的另一个重要部件是故障识别设备，它是一个能够启用智能故障管理的快速保护装置。SST 频率高，具有体积小、重量轻等优点。另外，它还能充分利用最先进的电力电子设备，这就使得 SST 具有额外的功能，如按需向电网提供无功功率、电能质量管理、限流、储存管理以及终端使用的直流总线。如果将较差的负载功率因数和谐波与配电系统隔离，将提高整个系统的效率。此外，在相同的额定功率条件下，与普通变压器相比，选择新型材料用于半导体和磁性元件，有助于改善其效率。

6.4.2　多端口 DC–DC 变换器

6.4.2.1　多端口 DC–DC 变换器的基本结构

多端口 DC–DC 变换器根据电路自身的结构特点可以分为如下四种典型结构：

（1）输出并联变换器，利用均流技术实现多能源共同供电，并联多个单输入直流变换器。

（2）输入并联变换器，将多个变换器的输入通路并联在一起，可以通过选通控制电路选择某一个输入源供电。

（3）变压器耦合变换器，利用变压器将两个或两个以上的单输入变换器的公共端口耦合在一起，又可以分为分时供电型和同时供电型。

（4）串联型变换器，通过适当的连接方式，将多个输入直流变换器串联，连接到共用负载上。

6.4.2.2　拓扑组合规则

以上只给出了多端口 DC–DC 变换器的基本结构。谈到具体的拓扑组合规则，Y.M.Chen 提出了 PVSC（脉冲电压源单元）与 PCSC（脉冲电流源单元）概念，并将这些概念应用于基本非隔离 DC–DC 变换器中（如 Buck、Boost、Buck–Boost 等），得到了多种非隔离的多输入变换器拓扑。在此基础上，李艳、阮新波等提出了带缓冲单元和不带缓冲单元两种多输入变换器合成方法。在他们的文献中，将构成多输入变换器的基本单元分为了 I 类脉冲单元和 II 类脉冲单元；通过分析脉冲源之间连接规则，得到一系列可以分时供电、同时供电、既可分时又可同时供电的多输入变换器。将上述的方法应用于基本的正激、反激、半桥、推挽、全桥等隔离型DC–DC变换器中，还可得到隔离型多输入变换器。

利用单极性脉冲电源单元生成多端口变换器，可广泛应用于新能源等功率变换系统。多端口变换器拓扑结构的简化、控制方式难度降低等是其发展方向。例如，通过对全桥变换功率流通路径重新构建，得到一种适用于宽输入电压范围的三端口变换器。

6.4.2.3　多端口DC–DC变换器的分类

按能否实现电气隔离，多端口DC–DC变换器可分为非隔离型变换器器、部分隔离型变换器和全隔离型变换器三种。

（1）非隔离型DC–DC变换器。所谓非隔离型多端口DC–DC变换器，是指不同端口各自变换器的输入输出级之间没有电气隔离，通过导线直接连接在一起。非隔离型多端口DC–DC变换器多是在基本的DC–DC变换器中增加开关管、电感、电容等元器件，添加与原来电路相似的结构，使之增加输入端口或是输出端口。非隔离型多端口DC–DC变换器的不同端口之间多由公共的直流母线交换能量。由于直流侧电压变化范围较小，不适用于多种电压等级的应用场合，在电压变化范围大的场合，其应用受到限制。

（2）部分隔离型多端口DC–DC变换器。部分隔离型多端口DC–DC变换器是指多端口变换器的各个端口中有一部分端口以同一个地点为参考点，其余的端口之间存在电气隔离。部分隔离型多端口DC–DC变换器的出现增强了系统安全性，并且实现了不同端口间的电压匹配。常见的几种部分隔离型多端口DC–DC变换器拓扑结构的主体结构部分是隔离型的桥式拓扑，如双向的Boost双半桥、双向双半桥、半桥、移相全桥拓扑等。在这些主体拓扑的基础上，根据要实现的功能，加入电感、开关、二极管等元器件，构成部分隔离型多端口DC–DC变换器。

3. 全隔离型DC–DC变换器。全隔离型多端口DC–DC变换器是研究的热点，全隔离多端口DC–DC变换器是指多个端口之间全部实现了电气隔离，不同端口间的功率传递均要通过多绕组变压器。全隔离型多端口拓扑是在部分隔离多端口拓扑的基础上，增加变压器的绕组个数，实现全部端口之间的电气隔离；或者是在基本的隔离型电路中，增加电源端口构成的。

相比非隔离型拓扑，在隔离型多端口拓扑中，多利用高频隔离变压器为不同的输入源、存储设备及负载提供电气隔离，而且通过调整变压器绕组的匝数比可以实现输入源不同电压等级的匹配，不需要利用多个低压元件的串联来提高电压等级。另外，应用变压器可提高变换器的功率密度，使系统结构更加紧密，便于实现多路隔离输出的功能。

6.4.2.4　隔离单元工作分析

对于图 6-6 所示的全格力三端口变换器，可以将其看作两个独立的单端口输入的变换器来分析。图 6-7 给出了端口 1 的电流全桥工作时的等效电路。对于前级的电流型桥式 DC-AC 逆变电路，传统 PWM 控制方式不再适合。这是因为在电流型桥式电路中应用传统的 PWM 控制方式时，输入电感的存在使得两对开关管 VT_{11} 和 VT_{14}、VT_{12} 和 VT_{13} 在切换时必须存在一个很小的同时导通时间，以抑制电感电流突变引起的电压尖峰。而这一小段重叠导通时间的存在，会将变压器的电压钳位为零，从而影响另一个端口功率的正常传输。所以在该电流型桥式电路中，采用了移相的 PWM 控制方式：开关管 VT_{11}、VT_{12}、VT_{13} 和 VT_{14} 的开通时间略大于半个周期并且为一定值，控制信号彼此之间存在一定的相位差。图 6-8 给出了电流源型全桥的驱动脉冲波形和主要信号波形，定义同一桥臂上的两个开关管同时导通的角度为重叠导通角 α。

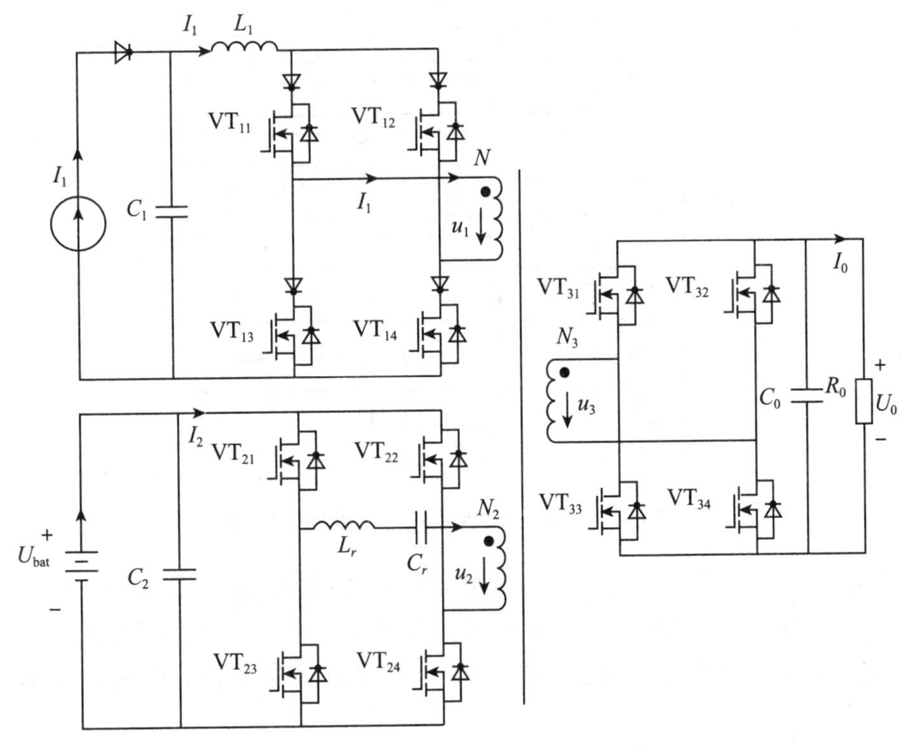

图 6-6　一种全隔离三端口变换器

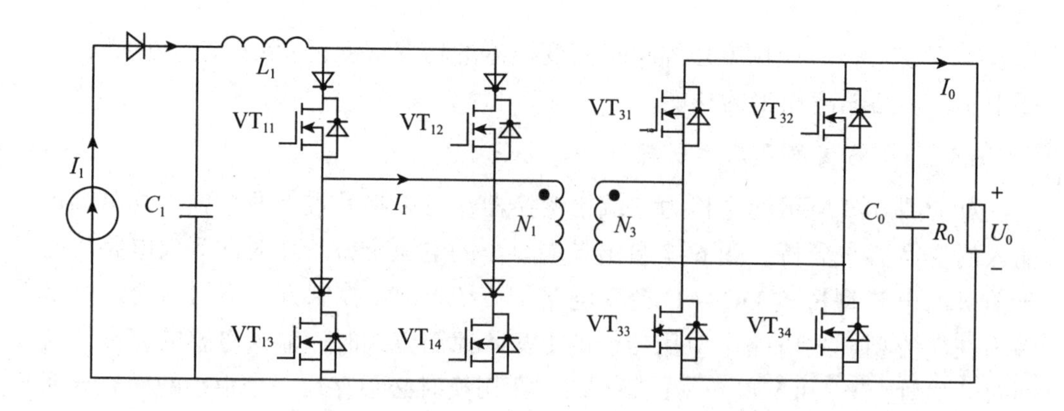

图 6-7　电流桥工作时全格力三端口变换器的等效工作电路

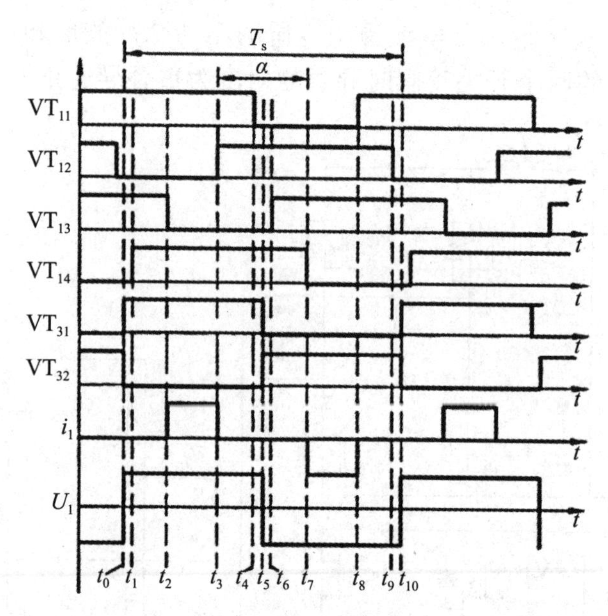

图 6-8　电流桥式变换器的主要信号时序

当对角开关管同时导通时，功率由输入源经过桥式电路和高频变压器向负载传递，此阶段称为能量传递阶段；当同一桥臂上的开关管同时导通时，电源通过电感和导通的桥臂续流，没有功率向后级负载传递，此阶段定义为续流阶段。

重叠导通角度 α 是指该变换器在半个周期内工作在能量传递阶段的时间，通过控制能量传递阶段和续流阶段的时间比率来控制输入源向后级负载传递功

率的多少。在重叠导通角为 α 时，变换器理想输出电压与移相角度的关系为

$$U_0=\left(1-\frac{\alpha}{\pi}\right)\frac{N_1}{N_3}I_1R_0 \tag{6-15}$$

根据图 6-8 所示的主要信号时序图，该变换器一个周期内共分为 10 个工作状态，并且后级的全桥可工作在不可控和可控两个状态下。这里以可控状态为例，给出工作原理说明和等效电路图。由于正半周期的对称特征，图 6-9 只给出了正半周期内的 5 个工作状态等效工作电路图。假设在上一时刻后级全桥中 VT_{32} 和 VT_{33} 处于导通状态，而前级电流全桥的开关管 VT_{11} 和 VT_{13} 处于导通状态，以 t_0 时刻为下一个周期的起始时刻。

状态 1（$t_0\sim t_1$）：t_0 时刻，VT_{32}、VT_{33} 断开，VT_{31}、VT_{34} 闭合，一次绕组上的电压被负载电压钳位在 $+N_1U_0/N_3$，这部分电压将顺向加在 VT_{14} 的二极管上，使其导通，为下一时刻 VT_4 的导通创造 ZVS 条件。在此时间段内输入侧电流 I 经由 VT_{11} 和 VT_{13} 续流，不向负载传递功率。图 6-9（a）为该工作阶段等效电路。

状态 2（$t_1\sim t_2$）：t_1 时刻，开关 VT_{14} 开通，该模式的等效电路如图 6-9（b）所示。在此时间段内，VT_{14} 虽然处于导通状态但没有电流流过，输入源仍经由 VT_{11} 和 VT_{13} 进行续流；后级电路工作状态和钳位电压不变，输入源不向负载传递功率。

状态 3（$t_2\sim t_3$）：t_2 时刻，VT_{13} 关断，VT_{11} 和 VT_{14} 同时导通，输入电流 I_1 通过 VT_{11} 和 VT_{14} 和变压器向负载传递功率；输出回路和变压器绕组电压保持不变。等效工作电路图如图 6-9（c）所示。

状态 4（$t_3\sim t_4$）：在 t_3 时刻，VT_{12} 闭合，输入源经过开关管 VT_{12} 和 VT_{14} 续流，向后级负载传递功率为零；此时虽然 VT_{11} 仍闭合，但是没有电流流过，为下一时刻的零电流关断做准备。该模式下的等效电路如图 6-9（d）所示。

状态 5（$t_4\sim t_5$）：t_4 时刻，VT_{11} 断开，由于此时输入电流全部经 VT_{12} 和 VT_{14} 续流，所以 VT_{11} 为零电流关断。该工作模式的等效电路如图 6-9（e）所示，此阶段输入源向后级负载传递的功率为零。

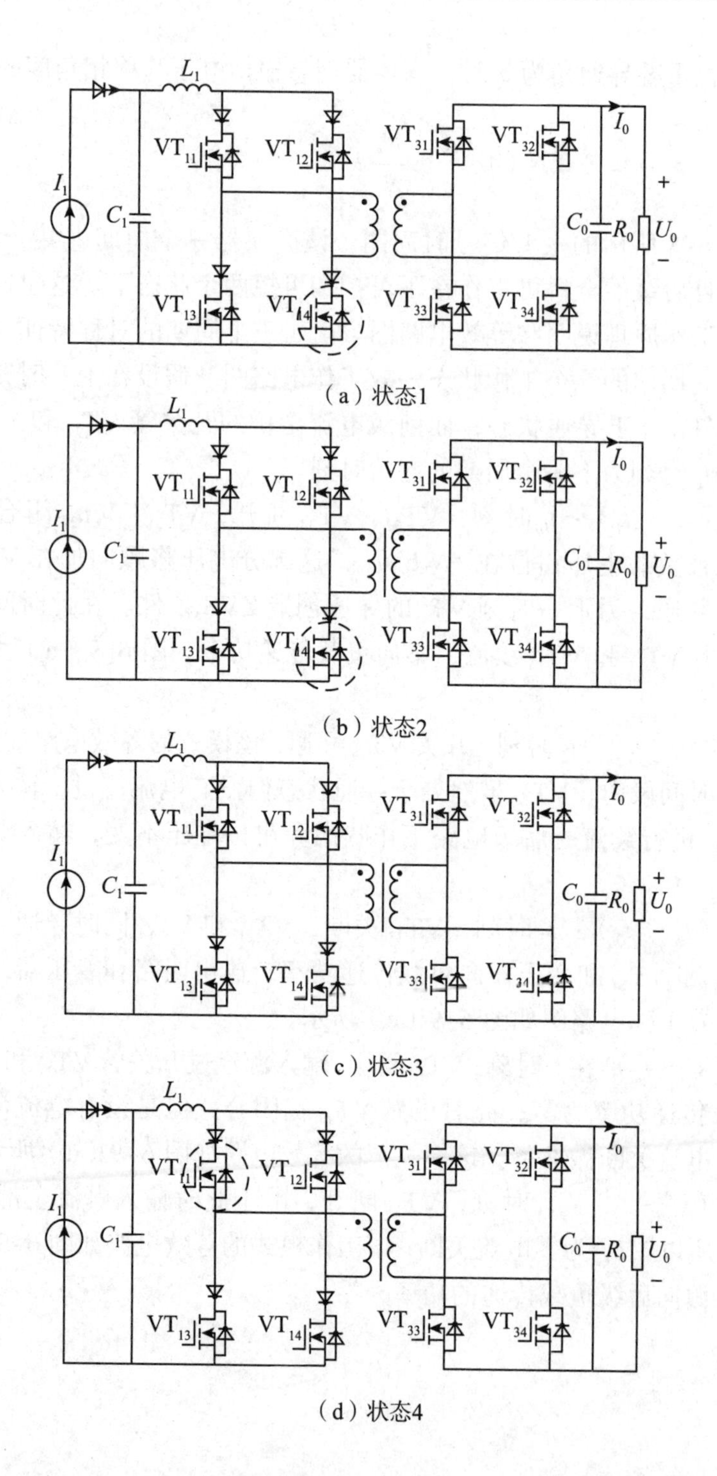

（a）状态1

（b）状态2

（c）状态3

（d）状态4

图 6-9　电流变换器半个周期不同工作模式的等效电

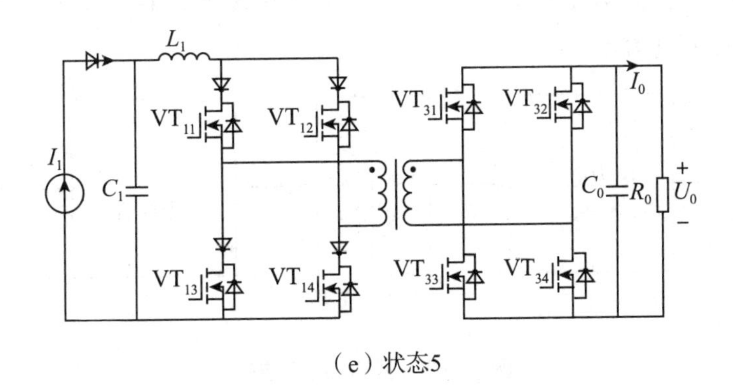

（e）状态5

图 6-9（续）

通过上述 5 个工作状态的分析可见，对该电流型桥式电路，可以通过调节移相角度控制输入源向负载传递功率的大小，并且上桥臂器件可以实现 ZCS 关断，下桥臂器件可以实现 ZVS 开通。对于电压型桥式电路，也可以实现移相控制。除移相控制以外，还可以在某一端口引入占空比控制，将控制的自由度变为两个，即移相角和占空比。这种控制的好处是灵活性大大提高。

6.4.2.5　多端口变换器的控制

多端口变换器是一个多输入或多输出系统，不同的输入电源向同一负载提供功率，往往共用一套滤波装置，造成多个端口闭环控制设计的难度增加；并且在多端口变换器中，多个控制变量之间总会存在或强或弱的耦合关联，这同样也使得控制器、调节器设计难度加大。针对耦合问题，可采用主从控制和解耦控制两种方式。对于多端口变换器的多个控制量，如果控制量的扰动频率相差很大，可以采用主从控制，将扰动频率高的控制量作为主要设计对象，而对于扰动频率低的控制量，可以降低设计要求，从而使控制容易实现。如果多个控制量间是相互耦合，无主次之分的，那么就需要采用解耦控制，降低调节器设计难度。就调节器而言，在系统设计中，除了常规的 PID 控制外，单周期控制是一个不错的选择方案，单周期控制通过控制每个周期内开关的占空比使输入开关电压变量的周期积分值严格地跟随参考值或者与参考值成比例，具有抗干扰性能强、控制响应速度快的特点；核心控制器为带复位开关的积分器。

6.4.3　SST 单元介绍

图 6-10 给出了 SST 的基本结构。它是通过高频变压器实现隔离的。电网电压在施加到高频变压器的一次侧之前，通过使用电力电子变换器转换成更高

频的交流电压。在高频变压器的二次侧上执行相反的过程，得到负载能够应用的交流和（或）直流电压。

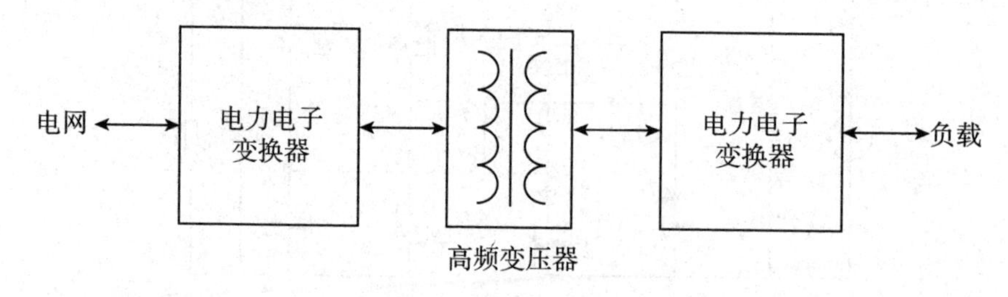

图 6-10　基本 SST 结构

图 6-11 定义了 4 类 SST 结构，包括单级无直流母线、带低电压直流（LVDC）母线的两级结构、带高压直流（HVDC）母线的两级结构以及既有高压直流母线又有低压直流母线的三级结构，覆盖了所有可能的 SST 拓扑。

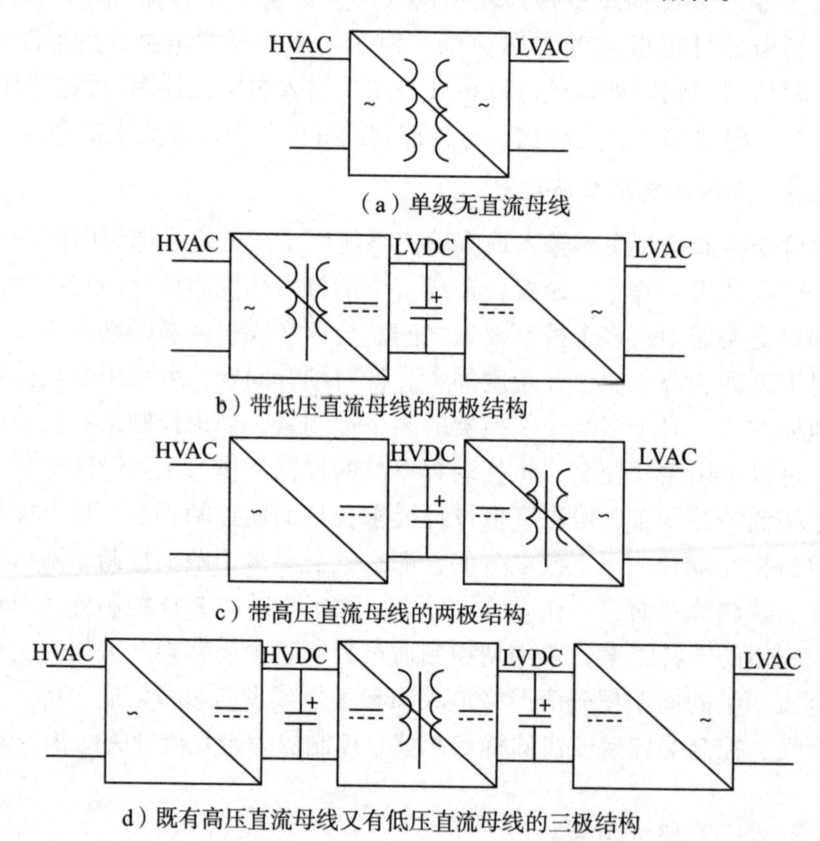

图 6-11　4 类 SST 结构

其中，图 6–11 c）所示第三类结构的直流母线是高压并且与电网不隔离，所以不适合用于 DES 和 DER 的集成。目前，与配电电压同等级的绝缘栅双极型晶体管（IGBT）和高频变压器受制于功率等级的限制，可以采用一种模块化的方法，其中，多个模块的高压交流侧是串联的。另外，通过交错并联的方法，可减小纹波电流从而减小滤波器的尺寸。

单级 SST 拓扑结构的控制比较简单。它们的主要缺点是缺少由直流母线提供的功能，如输入功率因数校正。双级 SST 拓扑为 DER 和 DES 的集成提供了一个低压直流母线。然而，由于缺乏一个高压直流母线，其低压直流母线电压可能含有大量的频率为 120 Hz 的纹波，这是由两个交流侧的 120 Hz 纹波电流引起的。可以选择一个较大的电容以降低电压调节范围。图 6–12、图 6–13 分别表示基于一个 AC–DC 隔离型 Boost 变换器的两级 SST 和 AC–DC DAB 的两级 SST。这两个拓扑也是通过单 AC–DC 模块实现的。

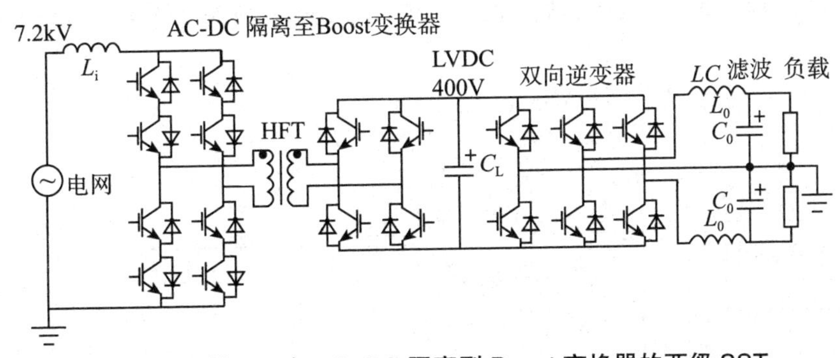

图 6–12　基于一个 AC–DC 隔离型 Boost 变换器的两级 SST

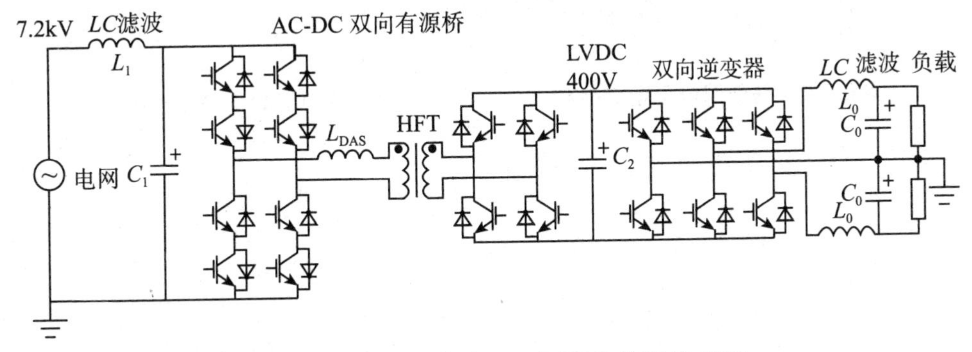

图 6–13　基于一个 AC–DC DAB 的两级 SST

三级的 SST 拓扑结构可控性非常好，能够满足 SST 的所有功能要求。这种 SST 拓扑的主要缺点是元器件数量多，这可能降低它的效率和可靠性。图

6–14、图 6–15 分别为基于四电平整流器和三个 DC–DC DAB 变换器及三个 DC–DC 全桥变换器的模块化三级 SST。

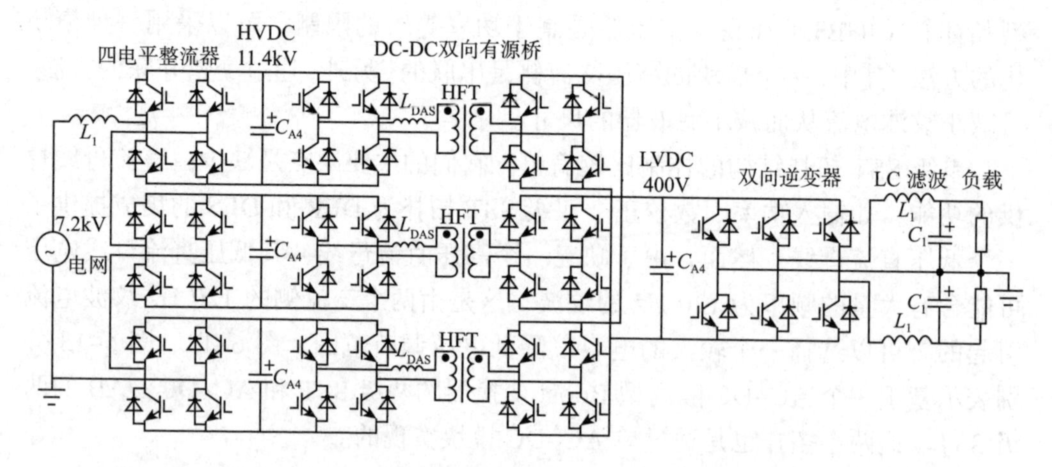

图 6–14　基于四电平整流器和三个 DC–DC DAB 变换器的模块化三级 SST

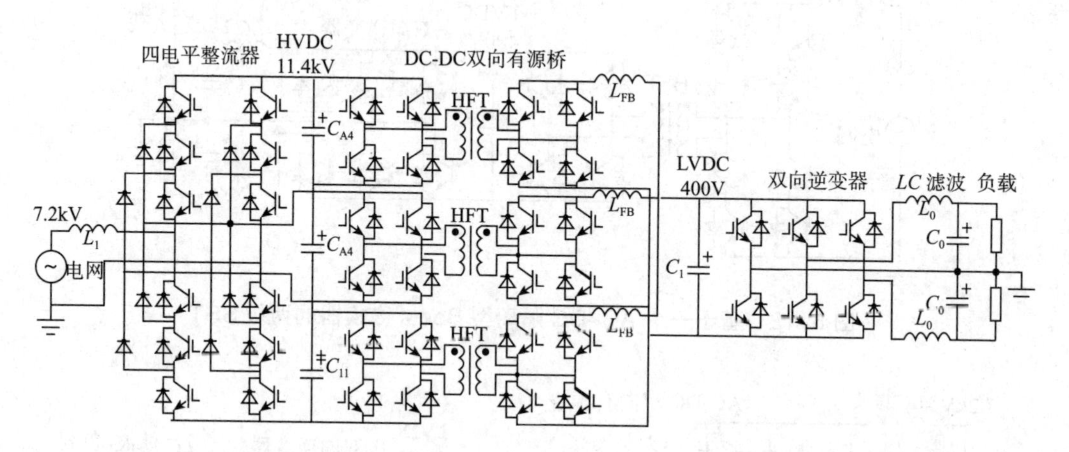

图 6–15　基于四电平整流器和三个 DC–DC 全桥变换器的模块化三级 SST

第 7 章　分布式光伏发电的发展对策与建议

7.1　明确并适时调整分布式光伏发电的发展规划目标

在分布式光伏发电等可再生能源的发展过程中，明确发展规划目标意义重大。一方面，需要或迫使相关各类法律法规、行业与产品标准、支持政策等的制定和出台，为实现分布式光伏发电的发展规划目标提供政策保障。因此，分布式光伏发电发展规划目标是其他相关政策制定与实施的基本依据和要求，可以说，没有分布式光伏发电的发展规划目标，就不可能有其相关政策。另一方面，明确发展规划目标不仅符合可再生能源及能源发展的大方向，为其发展提供权威依据，还有利于相关主体明确市场方向和投资决策，促进分布式光伏发电市场的建立和完善及可持续发展，对优化能源结构、实现能源转型具有重要意义。

（1）制定既切实可行又合理的发展规划目标。这是鉴于明确、清晰发展规划目标对我国分布式光伏发电长期可持续发展的重要意义的必然选择，但是，作为顶层设计，分布式光伏发电发展规划目标的制定应当考虑系统合理性和可行性。从 2016 年 12 月 26 日《国家发展改革委关于调整光伏发电陆上风电标杆上网电价的通知》（发改价格〔2016〕2729 号）文件对补贴标准的下调可以发现，光伏发电相关支持政策设计的合理及执行到位与否会对其发展及目标的实现产生极大影响。但也不可否认，“十二五”期间分布式光伏发电装机容量目标未能实现，与当初设置的目标过高有直接关系。因此，在制定分布式光伏发电的国家层面发展规划目标时，要充分认识到前瞻性规划的难度，务必系统、整体地考虑过往目标的执行与实现、产业发展、技术进步及成本变化、国内外市场、相关政策的设计 / 调整 / 执行 / 效果、经济发展、能源结构变化、消纳能力等诸多因素，进行深入、切实的调查研究。

（2）适时、合理地调整发展规划目标，避免盲目性和随意性。随着技术的进步与创新、装机容量的逐渐扩大、市场的日益发展与成熟等，分布式光伏发电逐渐迎来空前的发展机遇，此时应抓住机遇，适时调整其发展目标，以顺应分布式光伏发电等分布式可再生能源的发展趋势，适应和促进我国经济发展、能源结构调整及能源转型。事实上，我国过去几年中曾多次调高分布式光伏发电的发展规划目标。例如，欧美对我国光伏产品的“双反”调查使得光伏发电国际市场严重萎缩，而国内市场则在政策支持下迅速发展壮大，“太阳能屋顶计划”和“金太阳示范工程”使分布式光伏发电得以快速推进，并不断刷新装机容量。于是，相关部门对 10 GW 目标（2018 年的装机容量限足指标）进行了调整。这是因为国家层面的发展规划目标直接关系相关政策、年度指标的设定与调整，影响分布式光伏发电的可持续发展，而其目标的达成也受到相关支持政策及其执行的影响。政策刚出台或调整时一般会引起大幅增长，若此时轻易调整发展目标，则可能受制于政策的非持续性。刚出台政策的科学性和合理性在实践中还远未得到验证，往往难以保证分布式光伏发电等新能源的可持续发展。“金太阳示范工程”则是其中一个典型的例子。因此，为了避免发展规划目标调整的盲目性和随意性，也要像制定目标一样系统考虑分布式光伏发电诸多因素和实际情况，尤其要注重支持政策的跟进、完善与有效执行。

（3）发展规划目标多样化、细致化及统筹化。除分布式光伏发电装机容量目标外，还应有发电量、并网运行、各类型分布式光伏发电及相关技术指标等多样化和细化的目标，以此给予市场和投资主体及各类用户更细致、明确的指导，也便于各级主管部门对相关项目、环节的监管。此外，分布式光伏发电的发展目标尤其是总目标分解到各省（区、市）的地方目标时，应充分考虑并紧密结合各地的实际情况，如当地的整体及局部的发展规划、经济水平、能源结构、能耗及消纳情况、电网条件、光照资源、安装条件等诸多因素，避免规划的盲目跟风，做到因地制宜、统筹协调，从而制定出与当地实际情况匹配的、合理可行的分布式光伏发电发展目标。

7.2 持续鼓励光伏发电相关的科技创新

分布式光伏发电要想实现市场驱动的长期可持续发展，根本上离不开相关技术的创新与进步驱动的成本降低。只有当分布式光伏发电等可再生能源的发电用电成本具备足够的市场竞争力时，才能真正摆脱对政策的依赖。这是当前世界诸多国家一直投入大量人力、物力、财力研发分布式光伏发电等可再生能源技术，力图赢得新技术的先机并占领全球制高点的主要原因和动机。因此，在当前我国一些技术还相对落后于发达国家的情况下，应该抓住能源技术及发展正处于重大变革阶段的历史机遇，持续鼓励和支持分布式光伏发电等可再生能源相关的科技创新，早日实现技术进步与突破。

（1）持续从政策上鼓励和支持分布式光伏发电相关的技术研究开发与创新。在目前分布式光伏发电还处于政策驱动尚未实现市场化发展的情况下，仍然有必要增加科研经费，从政策上鼓励和支持分布式光伏发电相关科研主体进行技术创新，同时做好科技创新成果产业化转化和应用的相关工作，促进技术商业化应用成本的降低。但要对相关技术及项目进行严格评审，对相关经费实施严格监管，以保证政策的严格执行和经费的合理使用及应用的产出。

（2）组建高级别技术中心及研发平台，准确地识别和把握分布式光伏发电技术的发展趋势，优先发展未来的关键技术。分布式光伏发电等可再生能源本质上都属于复杂的系统工程，涉及光伏电池的转化、分布式发电—计量—并网—传输及其控制、储能、智能电网、电站及数据安全、信息等多种关键技术、零部件及系统的开发。需要系统部署和提前规划，组建 / 组织国家级或省级相关技术中心及研发平台，跟踪和把握相关技术的发展趋势，识别和选择具有未来发展与应用前景的先进的重大 / 关键共性技术，集中投入进行科技创新和攻关，早日实现突破，并对相关重大技术研发与创新项目进行论证。

（3）加强分布式光伏发电等可再生能源技术的“产学研”合作创新模式。除了光伏发电相关企业自身需要增加研发投入，加强关键 / 核心技术的开发，提升技术创新能力外，还应整合政府、企业、科研院所、高校等资源，持续加强并有效开展“产学研”合作创新模式，建立技术攻关与创新的长效机制，适时展开相关核心 / 关键技术的合作研发及成果的产业转化。

（4）鼓励并加强分布式光伏发电等可再生能源技术的国内外交流与合作。针对相对落后领域的实际问题与相关技术，还应该加强与先进国家的技术交流与合作，通过学习借鉴、合作研发、直接引进等途径，加快我国分布式光伏发电等可再生能源技术进步与突破的步伐，同时要注意和加强我国相关技术自主知识产权的认定及专利保护。

（5）加强相关领域专业人才的培养与储备。任何技术创新与突破都离不开人才，尤其是分布式光伏发电本身涉及原材料、光伏组件、系统集成、安装与建设、验收评审、并网接入、运行与维护等诸多环节，每个环节都需要专门的技术与管理人才。此外，分布式光伏发电等可再生能源将来必然互联互补从而形成各级微网及能源互联网，将需要更多各类专业人才。因此，从国家战略层面规划并加强相关人才的培养，支持更多高校等教育机构开设相关专业并持续完善培养方案，相关部门及企业建立并实施完善的专业人才培训机制，是我国实现分布式光伏发电等可再生能源长期可持续发展的基本前提，也是有效扩大相关专业人才队伍，提升分布式光伏发电设计、运维专业人员的综合素养和操作能力，从而在一定程度上有效解决分布式光伏电站的设计、安装、施工、运维及相关质量方面问题的根本路径。

7.3 深化并落实电力体制改革

我国分布式光伏发电等可再生能源电力要想实现市场化的大规模和大比例可持续发展，一个关键条件就是我国目前传统电力体制的深化改革及真正落实。传统电力体制已经不能适应我国分布式光伏发电等可再生能源的发展，是未来可再生能源长期可持续发展绕不开的障碍，深化并落实传统电力体制改革已成为必然。

（1）通过分离电网公司对电力市场的垄断业务与竞争性业务，有序放开输配以外的竞争性业务电价，实现上网电价补贴（FIT）和销售电价的真正放开，并向社会民间资本放开配售电业务，促进电力价格的市场化定价机制与价格体系；未来能源互联网环境下的电力市场的诸多发电、售电和用电主体都能以市场行为公平参与电力价格的互动和竞价。

（2）打破电力市场当前“输—配—供”环节的垄断，让电网公司回归其“输—配—电”的本职功能，实现电网对分布式光伏发电等可再生能源的公平、开放及大规模、大比例接入：只要能适应和满足相关并网标准的可再生能源电力都可无障碍接入电网，实现电力供应多元化，促进电力市场的公平竞争，真正为我国分布式可再生能源的发展提供广阔的空间。

（3）构建能适应和满足未来能源互联网环境下涉及多类型电力及多主体的、相对独立的电力交易平台，并建立和完善相关市场交易平台 / 机构主体的准入和退出机制，确保电力交易的公平、透明、实时、有效。

（4）通过电力调度机构与盈利主体的分离，改革和规范电网公司的运营及盈利模式，不再以 FIT 和销售电价的差价作为收入和盈利的主要来源，对分布式光伏发电等可再生能源电力的并网接入和发电输出按政府核定的输配电价收取过网费，彻底解决可再生能源大规模发展与电网公司垄断利益的冲突。

事实上，中共中央、国务院于 2015 年 3 月 15 日印发的《关于进一步深化电力体制改革的若干意见》（中发〔2015〕9 号）已经开启了我国电力体制改革的深化和落实的第二次积极尝试，提出了适应和满足分布式光伏发电等可再生能源长期可持续发展的电力体制改革目标、原则和内容。关键在于如何切实执行和落实相关改革内容，避免以往的进展缓慢、最终不了了之的问题。鉴于改革的难度，只有系统全面、多管齐下的政策措施的合力推行，才有可能真正推进电力体制改革的深化和落实。

7.4　完善并优化相关政策体系、法律法规和相关标准

目前我国分布式光伏发电已经进入大规模应用的阶段，技术进步与成本下降明显，使其与传统电力的成本差距日益缩小，已逐渐接近平价上网。因此，在新的发展阶段即将来临之际，非常有必要厘清未来 5 年、10 年甚至更长时期分布式光伏发电的政策及演变路径。根据对发展现状的分析，借鉴分布式光伏发电较发达国家和地区的发展经验，当前我国分布式光伏发电相关政策路径及设计、优化需要好做以下四点：

（1）遵循“以销定产、就近建设、就近消纳、市场交易、取消补贴”等原则，以促进分布式光伏发电技术创新、提质增效、规模合理、竞争力强的长期可持续发展。

（2）延续 FIT 补贴政策（可根据相关实际情况进行适度调整），继续支持分布式光伏发电的应用，促进分布式光伏发电侧平价的实现及其市场化机制的建立及逐步完善。

（3）适时启动可再生能源配额制和绿色电力证书交易制度，用对相关主体分布式光伏电力配额的考核逐渐代替补贴政策成为分布式光伏发电开发应用和完全消纳的主要动力，进一步完善和优化分布式光伏发电等可再生能源电力的市场化运营机制。

（4）争取再利用 10 年时间彻底摆脱分布式光伏发电对 FIT 补贴及配额制等政策的依赖，在 2030 年以后实现分布式光伏发电等可再生能源电力的完全市场化运营及可持续发展。届时，分布式光伏发电等可再生能源电力已完全实现发电侧和用电侧的平价运作，成为能源消费市场的优先选择品种，在我国能源结构中将占据较大比例并发挥不可或缺的重要作用。我国分布式光伏发电未来的政策及其发展路径简图如图 7–1 所示。

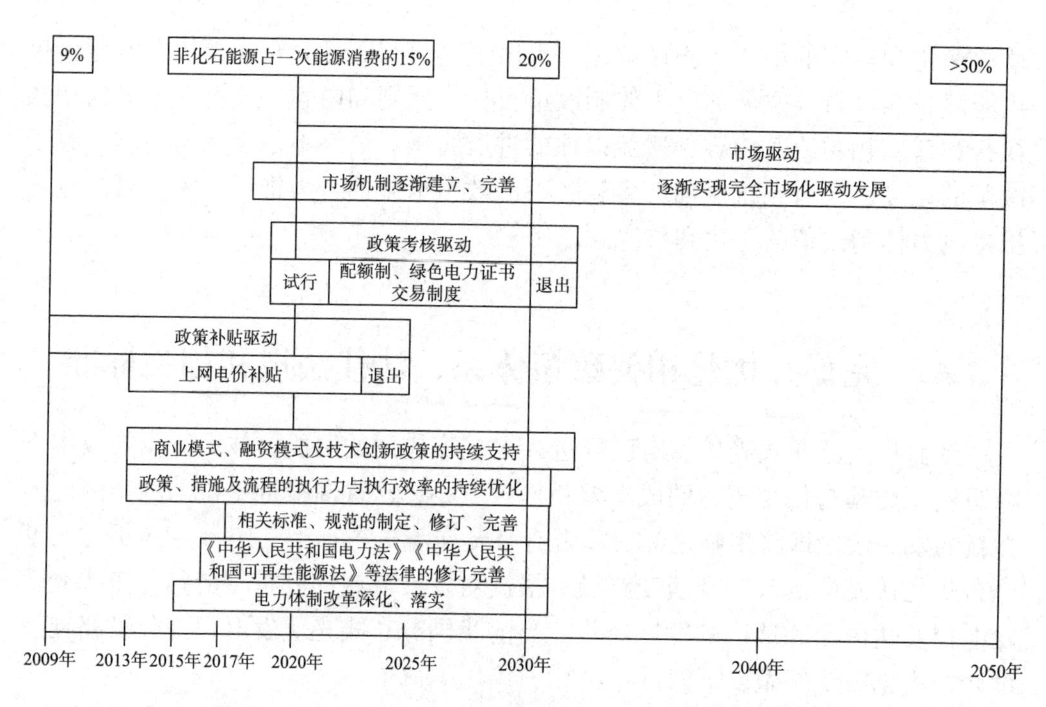

图 7-1 我国分布式光伏发电未来的政策及其发展路径简图

7.4.1 分布式光伏发电 FIT 补贴政策方面的建议

7.4.1.1 关于 FIT 补贴退坡

为了实现政策补贴成本的有效控制和分布式光伏发电可持续发展的协调目标，调低补贴标准是必要的、可行的；但是退坡时机与幅度需要根据实际情况综合考虑相关因素而设定。

（1）当分布式光伏发电装机成本下降的学习率低于 10% 时，为保持分布式光伏发电的稳定发展，不宜降低 FIT 补贴标准，维持原有标准相对更合适，如维持当前每千瓦时 0.32 元或稍低一点的补贴标准；若选择 M2 模式工商业用户的比例及其光伏电量自用比例能超过 50%，则可以在适当范围内降低 FIT，如每年每千瓦时递减 0.02 元或 0.03 元；若短期内退坡幅度过大，虽然政策补贴成本控制有一定效果，但并不一定能保证分布式光伏发电装机容量的持续稳定增长。

（2）当分布式光伏发电装机成本下降的学习率超过 10% 时，FIT 补贴标准可以适当调低。相比之下，采取 FIT 逐年递减的方式比降低较大幅度后保持一段时间不变相对更好。例如，每千瓦时逐年递减 0.03 元比一年或半年每千瓦时直接降 0.05 元后维持不变要好。

（3）当分布式光伏发电装机成本下降的学习率超过 15%（甚至达到 20%）时，FIT 可以实施较大幅度的降低。在此情景下，如果选择 M2 模式的用户（尤其是工商业用户）的比例以及光伏电量的自用比例高于 80%，M1 模式和 M2 模式的 FIT 补贴标准未来 1 ～ 2 年每千瓦时即可分别降低到 0.7 元和 0.3 元，甚至更低；未来 3 ～ 5 年可进一步降低，直至逐渐取消 FIT 补贴；若选择 M2 模式用户的比例及其光伏电量的自用比例能得到有效提高，则可以提早大幅降低 FIT 补贴标准甚至取消补贴。

7.4.1.2　关于补贴及其调整的多样性

除以 FIT 形式进行补贴外，还可以同时考虑对分布式光伏发电实行更多样的补贴方式；对于 FIT 补贴调整的方式，也可以采取每次一定幅度的单次调整以外的方式。

（1）采取逐年递减的 FIT 补贴形式，每千瓦时按一定幅度（如 0.02 ～ 0.03 元）逐年递减 FIT 补贴。

（2）充分考虑我国不同区域的经济发展水平、用电及消纳情况、光照资源、光伏发电安装条件、零售电价、脱硫煤标杆上网电价、集中式与分布式光伏发电装机容量等具体情况，采用针对不同区域、不同投资及应用主体（区分居民用户、工商业用户等）、不同项目装机容量等的差异化电价，有利于考虑和平衡各类分布式光伏发电的收益，提升各类主体的投资安装意愿，从而促进分布式光伏发电的多元化和可持续发展。

（3）采用“分布式光伏 + 储能”的补贴政策，支持和鼓励在已有分布式光伏发电系统上加装储能系统，或直接安装带储能的分布式光伏发电系统，对此类项目进行补贴或其他政策倾斜。

7.4.1.3　关于鼓励自发自用

用户（尤其是工商业用户）更多选择“自发自用，余量上网”模式而不是“全额上网”模式，以及更多使用光伏电量（较高的自用比例），将获得更多收益。这种情况不仅有利于在不增加补贴的情况下促进分布式光伏发电的发展，还可在很大程度上解决分布式光伏发电由分散性和间歇性而带来的对电网冲击、供电质量和安全等方面的问题。然而现实情况是，占分布式光伏发电绝大多数的工商业用户更多选择“全额上网”模式，其原因之一在于合同能源管理的风险较高（尤其是自发自用合同的履行难），导致光伏发电投资用户因为光伏发电自用用户违约而难以按时按量收取电费收益。根据分析，要提高“自发自用，余量上网”用户的比例及其自用比例，可从以下方面考虑对策。

一方面，通过相关政策或措施尽量减少相关障碍因素，鼓励或“迫使”用户（尤其是工商业用户）选择“自发自用，余量上网”模式或“全部自用”模式，尽量提高“自发自用，余量上网”模式用户的比例和用户的自用比例。事实上，相关主管部门已经开展了这方面的工作。2018年4月，国家能源局印发《分布式光伏发电项目管理办法（征求意见稿）》，自发布之日起施行，有效期三年。该办法将分布式光伏发电分为小型分布式光伏发电设施和小型分布式光伏电站两类。前者包括在居民固定建筑物、构筑物及附属场所由业主自建的总装机容量不超过 50 kW 的户用分布式光伏发电系统和在固定建筑物、构筑物及附属场所安装的总装机容量不超过 6 MW 的光伏发电系统；后者是指总装机容量大于 6 MW 但不超过 20 MW 的小型分布式光伏电站。该办法还规定了以下三种运营模式：

（1）户用分布式光伏发电系统可选择“全部自用”“自发自用，余量上网”“全额上网”三种模式。

（2）其他小型分布式光伏发电设施可选择“全部自用”“自用为主、余量上网（上网电量不超过 50%）”两种模式。对于后者，电网公司对实际上网功率超出其备案容量 50% 部分的电量按基础电价结算，不再支付补贴。

（3）小型分布式光伏电站只允许采用“全部自用”模式，对按“自发自用，余量上网”模式备案的小型分布式光伏电站转为其他运营模式的，电网公司对其. 上网电量按基础电价结算，不再支付补贴。

很明显，根据第 5 章的研究结论，这是一种非常直接的提高“自发自用，余量上网”模式用户比例及其自用比例的有效策略。例如，对于 50 kW ～ 6 MW 的小型分布式光伏发电设施，若自身只能消耗掉光伏发电系统所发电量的 30%，则 70% 电量上网，按政策就有 20% 上网电量没有补贴，其投资收益就有一定损失，这就迫使用户首先考虑自身用电的实际情况，而不是盲目扩大装机容量；如果用户非要投资安装超过自身电力需求的装机容量，而且想保证较高经济性，那么用户可以让多余上网电量参与市场化交易或绿色电力证书交易，通过配额制考核或市场机制来提高收益（前提是分布式光伏发电的市场化交易机制和配额制能真正实施起来）。

另一方面，可考虑以下措施以提高自用比例：

（1）实施“分布式光伏 + 储能”补贴政策，激励用户选择“自发自用，余量上网”模式并提高自用比例。

（2）完善相关合同能源管理，确保分布式光伏发电投资用户与用电户之间能履行合同；

（3）或将用户用电的费用由一定的单位或主体统一收取，再按相关合同分配给投资用户，实现收益的真正共享。

（4）通过大力推行能源互联网下的电力综合需求侧响应，提高分布式光伏发电的利用效率，实现有序用电、节约用电、科学用电及绿色用电。

7.4.2　关于分布式光伏 + 储能的政策

2017 年 9 月 22 日，国家发展改革委等五部委联合印发《关于促进储能技术与产业发展的指导意见》（发改能源〔2017〕1701 号），给出了储能的定义，为储能产业的持续健康发展指明了方向：储能是智能电网、可再生能源高占比能源系统，是能源互联网的重要组成部分和关键支撑技术；储能能够为电网运行提供调峰、调频、备用、黑启动、需求响应支撑等多种服务，是提升传统电力系统灵活性、经济性和安全性的重要手段；储能能够显著提高风、光等可再生能源的消纳水平，支撑分布式电力及微网，是推动主体能源由化石能源向可再生能源更替的关键技术；储能能够促进能源生产消费开放共享和灵活交易、实现多能协同，是构建能源互联网、推动电力体制改革和促进能源新业态发展的核心基础。2018 年 8 月 2 日在青海海东召开的中国储能西部论坛上，国家能源局原副局长史玉波指出，要从政策层面加快推进储能政策保障机制建设，市场方面要加快推进储能参与的电力市场化进程，以促进包括光伏发电在内的可再生能源的健康可持续发展。这些都彰显了储能技术与产业发展的重要性和政府及相关团体对此的重视。

“分布式光伏 + 储能”则是分布式光伏发电与储能的结合，可以将平时无法及时用掉的光伏电量储存起来，等光伏发电系统无发电条件的时候再释放出来，实现储能的反向送电。这不仅可以有效解决分布式光伏电量的消纳问题，有利于用户用电的方便及实现对用电成本的管控从而实现更多收益，还有助于提升自发自用比例（甚至全部自用），规避分布式光伏发电对电网的冲击、辅助调峰，使电网更稳定。为此，除了要鼓励储能技术的创新之外，政府相关部门还应制定并实施鼓励分布式光伏发电用户安装储能系统的支持政策，这也是我国分布式光伏发电能获得大规模持续发展的关键。此外，在政策和市场的推动下，随着储能及光伏发电技术的不断成熟，将产生更大规模和潜力的“分布式光伏 + 储能”市场，届时即便没有政策激励也会进入可持续发展轨道。但目前来看，我国尚需进一步制定并落实更细致、可行的相关政策。

7.4.3 进一步完善分布式光伏发电相关的法律法规

（1）进一步修订完善《中华人民共和国电力法》，明确和保障分布式光伏发电等分布式电力、分布式能源的国家层面的法律地位，消除与其他相关法律（如《中华人民共和国可再生能源法》）的不协调，促进与分布式光伏发电等分布式电力发展的适应性。例如，《中华人民共和国电力法》第二十五条规定，供电企业在批准的供电营业区内向用户供电。供电营业区的划分，应当考虑电网的结构和供电合理性等因素。一个供电营业区内只设立一个供电营业机构。前者限制了户用分布式光伏发电等类型分布式电力的积极发展，与《中华人民共和国可再生能源法》关于分布式可再生能源项目可以合法并网的规定存在矛盾；后者则限制了分布式光伏发电等可再生能源电力以分布式就近发电、就近消纳的供电方式。很明显，这些法律法规已经不能适应当前分布式光伏发电等分布式可再生能源电力的大规模、大比例发展。

（2）进一步细化相关法律法规，提升法律法规的可操作性和执行效率。针对已有分布式光伏发电相关较粗略的法律法规，制定更细致、具体的法律条例，辅以可操作的细化配套规定和制度，保障相关法律法规的执行。例如，基于分布式光伏发电产业链条上相关设施设备的生产、安装、质量、并网、验收等相关规范及主体的法律责任有必要进一步细化、明确，以确保分布式光伏电站的高质量建设、20年以上的高效运行及行业的长期可持续发展。

（3）加强针对能源互联网背景下的相关法律法规的健全与完善。能源互联网的大规模发展是全球未来的必然趋势，其中分布式光伏发电、风电等分布式可再生能源将得以更大比例的发展。因此，非常有必要针对能源互联网环境下日益活跃的能源服务公司、分布式发电用户、用电户、电网公司等主体之间的多种交易、服务、售后及维护等合同契约及履行相关的各种机制和行为，出台或完善相关法律，以明确、规范各主体的权利、责任和义务。

（4）完善分布式光伏发电等分布式可再生能源的相关地方立法。在国家层面分布式光伏发电相关法律法规的总领和指导下，针对我国不同区域的实际情况，系统思考并分析各地经济发展、产业发展、资源禀赋、用能用电及消纳、光照资源、光伏发电安装条件等因素，适当制定既符合国家层面法律精神和原则又契合当地实际情况的地方法律法规，真正做到因地制宜地规划和发展分布式光伏发电等可再生能源。例如，我国西部地区经济相对落后，用能和用电相对较少，但光照资源非常丰富（大多属于Ⅰ类地区），而东部沿海地区经济较为发达，用能和用电规模较大，但光照资源相对欠缺。那么，就非常有必要针对这些地区的实际情况实行有区别的相关法律、政策，以充分发挥各自的优势和作用，促进分布式光伏发电等可再生能源的协调发展。

7.4.4　进一步完善分布式光伏发电的相关标准

针对当前的不足，尽快完善出台我国分布式光伏发电相关产品和行业标准乃是当务之急，以真正满足分布式光伏发电项目的设计、建设和运维的要求，促进分布式光伏发电的高质量发展及其市场化机制的规范。

分布式光伏发电与集中式光伏发电及其他集中式能源存在诸多环节的差异，使得其各种标准和规范有别于其他能源电力。以户用分布式光伏发电系统为例，其标准与规范包括以下九个方面：①光伏发电系统与建筑安装或集成的结构安全，如建筑承重、连接与固定方式、绝缘特性、防渗漏等；②光伏发电系统的并网，如电网适应性、光伏渗透率（安装功率比）、防孤岛（逆变器）、逆功率流（逆变器调节功能）、开关 / 线缆的载流量、漏电保护、三相平衡等；③防雷接地，如防直击雷、线路防雷等；④防火及防电弧，如施工接线、电气间隙 / 爬电距离、阻燃材料（组件 / 电缆 / 开关 / 端子）、快速关断开关、防火通道等；⑤数据采集和数据传输，需要考虑分布式光伏电站与集中式大型光伏电站的区别，以及户用与工商业建筑的区别等；⑥抗风设计，如专门针对分布式光伏发电的建筑结构抗风设计标准；⑦光伏电站外观及安装高度；⑧项目验收，应考虑有别于大型光伏电站的验收点及标准；⑨项目运维，应考虑不同于集中式大型光伏电站的特性，如分散性、难以控制性等方面。

可以看出，这九个方面基本涵盖了分布式光伏电站的设计开发、安装施工、评估验收、并网、运维等诸多环节。目前这些方面的国家标准及行业标准尚待进一步完善、加强，尤其需要具有较好的、可操作的、更明确和细化的标准规范。例如，分布式光伏发电并网方面除了指导性的标准外，还需要针对不同的装机容量、接入位置、接人电压等级、容配比、功率等制定更细致、明确、合理的标准及规范，有的甚至还需要进一步调整，以保证分布式光伏发电接入后电网供电的安全可靠及电力质量的稳定。除并网标准外，分布式光伏电站的设计、安装、验收及运维等方面的标准也需要进一步加强、修订及完善。

7.5　明确、优化相关政策执行措施及流程，提高执行力

对于分布式光伏发电项目的建设与并网的申请、审批、补贴及上网电费的结算、发放等环节的拖沓等问题，需要地方相关部门、电网公司等主体深入理

解国家针对分布式光伏发电的相关发展规划、政策，及时制定明确、合理、可行的推行措施，并严格协同执行，提高办事效率，从而提升社会对分布式光伏发电的投资安装意愿。

（1）及时理解和吃透上级政策，分解制定合理、可操作的细分政策措施。

与其他政策一样，分布式光伏发电国家层面的政策多是总体、原则上的规定，在具体执行过程中，首先需要地方各级相关部门理解、吃透政策精神、原则、内容，然后结合当地实际情况制定合理、可行的具体实施计划与措施，并适时总结经验教训，借鉴与参考先进地区的做法和经验，将国家相关政策落实到位，从而避免政策落入一纸空文的境地。也只有这样，才能真正克服和解决国家政策长久不能落实、实施滞后及偏差不到位的困境和问题。

（2）进一步梳理、优化相关工作流程，形成更规范的标准流程。

政策的落地除了靠制定合理可行的具体执行计划和措施外，例行、规范的标准流程必不可少，是政策及相关工作得以顺畅、高效执行和真正落实的基本前提。相关的地方主管部门及电网公司应进一步梳理、明确分布式光伏发电项目的建设、并网、调试、备案等申请及审批，以及政府补贴与电量上网回购费用的标准、税率、结算与发放的相关流程，诊断其导致用户办理申请审批过程中过多跑路、过长等待、抱怨多等作业环节及工作方法，对拖沓冗长、不必要、不合理的串行作业环节与节点进行删除、合并或简化，并对各流程节点的工作方法和执行标准进行明确、规范，同时尽可能简化非必备材料及手续，使分布式光伏发电项目相关审批工作真正例行化、规范化、标准化，通过精细化流程管理达到缩短申请审批周期、提高办事效率的目的，以鼓励用户积极安装和使用分布式光伏发电。

（3）明确相关部门及电网公司关于分布式光伏发电的权责利，促进协同合力工作。

分布式光伏发电相关政策、流程及其实施执行涉及发改委、能源局、财政、税务、国土、城管等多个部门及电网公司等主体，需要这些部门主体相互配合协调、通力合作，才可能使分布式光伏发电相关政策及流程得以严格、高效地执行。对此，必须明确各部门主体在分布式光伏发电项目相关工作（并网审批、备案、补贴拨付与发放、监管等）中的权利、责任、利益，做到权责利的清晰与对等，才可能避免或减少各部门主体间的推诿、扯皮、执行不到位等现象，这也是实现分布式光伏发电项目相关行政实务的精细化管理、提升管理水平及办事效率的必要措施。只有这样，才能避免或减少发生类似厦门市集美区灌口镇某市民花费 22 万元安装的屋顶光伏被当地城市管理行政执法局强制拆除的案例。在相关部门能有效协调的情况下，如果该市民的分布式屋顶光伏发电项目本就不符合相关规定，那么业主最开始的申请就不应该被审批通过；如果是符合政策规定的，那么就是当地城管、电网公司及其他相关主管部门在分布式光伏发电政策推广和执行过程中缺乏对政策精神的学习，更缺乏有效的协调配合。

（4）建立和执行分布式光伏发电等可再生能源相关的考核机制。

有了对分布式光伏发电相关政策的分解细化措施、规范的标准流程和相关执行部门主体的清晰、对等的权责利分配，要真正保证分布式光伏发电相关政策、流程的高效执行，还必须建立和执行对执行部门主体的相关考核机制。如果没有对政策与流程执行情况的定期检查、审计以及对相关部门主体的严格考核和责任明确，那么就是一个有始无终的非闭环运行流程，久而久之必然会出现各自为政、推诿扯皮、执行不到位，甚至故意不执行的情况。

实际上，我国《可再生能源电力配额及考核办法（征求意见稿）》就是针对相关部门及企业的关于分布式光伏发电等可再生能源的考核。这是对于可再生能源发展定期目标及占比的考核，可以促使相关部门一开始就重视国家的相关发展规划和指标额度的分配，及时、合理地将发展目标和任务分解下达，并在执行过程中适时跟踪、监督、总结、整改，以保证可再生能源配额指标的顺利、高效完成。此外，还应对分布式光伏发电项目的建设、并网、备案等的申请及审批等相关流程执行的效率进行考核：可以先明确流程中相关节点的合理工作时间，制定可行的时间考核标准。考核不是目的，对于考核结果，应认真深入分析，找出根源，并及时进行有针对性的整改。考核应与激励相结合，通过合理、有效的激励措施，提高相关基层部门及地方电网公司的积极性，缩短户用分布式光伏发电项目的相关审核审批周期，促进分布式光伏发电项目的并网成功运行。

7.6　保障分布式光伏电站的质量及运行效率

我国分布式光伏发电目前及未来一段时间仍将处于政策驱动（补贴或配额制）的发展阶段，光伏发电行业市场一直存在一定程度的低价恶性竞争，而市场淘汰、定价等市场机制尚未完全建立并发挥基本作用，使得一些有不良、不法行为的企业选用劣质光伏组件，导致光伏电站存在质量问题及运行风险。因此，在我国光伏产业及光伏发电应用已进入规模化发展且正追求高质量发展的重要时期，政府相关部门、电网公司、行业协会应持续加强对光伏发电市场及项目的全过程监管，确保分布式光伏发电项目的建设质量及光伏发电系统的运维效果。

7.6.1 事前监管

建立、完善分布式光伏发电设计、安装、运维等的市场准入机制，健全相关认证管理制度和程序，避免一些专业基础缺乏或薄弱、技术创新能力不够、资金匮乏又无综合或单一核心竞争力的企业进入光伏发电市场。总体来看，目前户用分布式光伏发电市场准入门槛相对较低，尤其是县、镇、乡等层面的市场，一些实力不够的小企业利用基层政府支持发展分布式光伏发电的相关政策，而政府部门及用户对分布式光伏发电不太了解的情况，往往以低报价、夸大发电量与收益等诱惑甚至欺骗用户，赢得了不少市场。但这些企业为了自身利益必然选用低质量等级甚至劣质光伏组件，使安装的光伏发电系统存在质量隐患，甚至根本就不合格，而这些企业又缺乏售后服务和运维管控的基本意识与能力，最终使得居民根本无法获得应有的投资收益。此外，上述企业及其可能的低价恶性竞争的不良、不法行为还使技术含量高、质量更好的光伏组件产品及企业反而败下阵来，不仅扰乱了市场秩序，而且危害整个光伏行业的可持续发展。对此，相关部门应严格认证把关，做好事前监管，防止危害分布式光伏发电市场的企业进入市场。

7.6.2 事中监管

仅有市场准入的事前监管还不够，还应对分布式光伏发电项目设计与建设过程进行严格的事中监管。对于分布式光伏电站的设计方案、零部件选用及采购、安装施工方案、现场、质量管理等诸多环节，都应有明确的主体（有资质的第三方专业认证、监理机构）进行严格监管，及时发现问题，采取整改措施，消除质量隐患，确保分布式光伏发电项目整个建设过程能高质量完成。

7.6.3 事后监管

即便有了事前监管和事中监管，但仍然难以杜绝一些企业的不良、不法行为及分布式光伏电站的质量问题，因此，还应对分布式光伏发电项目进行严格的事后监管，形成闭环机制。

（1）依据相关验收标准与规范，对分布式光伏发电项目进行严格的完工验收。由于一般的用户根本无法识别光伏组件、设计、安装及系统的整体质量，事后监管的验收成了发现问题、避免质量风险的最后保障性措施。因此，应保证验收的严格执行，尽量发现分布式光伏发电建设过程遗留下来的质量问题与隐患，不整改到位不予以验收通过及并网。

（2）对于事中监管和事后监管发现的多次整改不到位的不良、不法等失信企业和个人，建立并严格执行“黑名单”制度。一旦进入分布式光伏发电市场的“黑名单”，就不能再开展所有相关业务，以此杜绝这些企业和个人再度扰乱与危害分布式光伏发电市场。

（3）分布式光伏电站一般要求按一定发电效率稳定运行至少 20 年，在电站建设完工后，运维及其监管是最关键的影响因素。但因为与传统电站和集中式光伏电站存在明显差异，且我国分布式光伏电站的运维还处于起步阶段，所以科学而高效地进行分布式光伏电站的运维及监管面临不小的困难与挑战。目前来看，不少企业和科研院所经过研究与实践认为，智能运维管理有利于从技术层面解决分布式光伏电站运维的瓶颈问题，以实现基于网络和智能技术的分布式光伏电站的一站式实时监测与管控。对此，政府、企业、科研单位等主体应积极开展相关方面的工作：

①政府应适时出台相关政策，加大“互联网 +”分布式光伏电站的运维管理系统及相关技术（大数据、物联网等运维智能技术）的科研投入，以政策法规形式推动光伏电站的智能化运维。

②企业和科研单位也应围绕分布式光伏电站智能运维开展合作研究与应用实践，早日突破技术瓶颈，建立科学、完备的智能运维监管系统，提升运维能力和效率。

要想顺利实施上述事前监管、事中监管和事后监管并产生效果，还应尽快完善我国分布式光伏发电产品、技术、质量等相关标准。例如，针对光伏相关企业的信用等级评价及准入认证方面的标准与指标，以及分布式光伏电站设计、安装、验收、并网等相关的规范和标准。有了健全的标准体系、细分的标准及明确的处罚措施，才可能规范和约束相关主体的作为，在一定程度上减少企业钻空子、偷工减料、以次充好的不良、不法行为，让不良、不法企业无机可乘，才能有准确的依据对不良、不法企业做出客观的评价及处罚。

7.7 加强对分布式光伏发电的宣传

加大对分布式光伏发电的宣传力度，其主要目的是让社会、民众、相关主体广泛和较为完整地了解分布式光伏发电相关信息，如分布式光伏发电的基本情况（基本概念、功能、特点、优势、劣势、安装条件等）、相关的国家政策与地方政策（FIT 补贴政策、分布式光伏发电发展战略及规划目标、其他优惠政策等）、产生的效益和效应（经济、社会、环境等方面）、分布式光伏发电项目的相关情况（项目投资成本、投资回报、项目及并网申请流程与手续、需准备材料、需签订协议等）、分布式光伏发电系统的基本情况（光伏发电系统的基本概念、所发电量的计量与读取、补贴及卖电收益的计算与发放、运维的基本简单常识等）等。只有充分了解分布式光伏发电，社会及民众才能做出正确的投资决策。具体的宣传对策可考虑以下三个方面：

（1）政府主体。各级政府，尤其是乡、镇、县等基层政府，应充分体现和发挥政府对分布式光伏发电的支持、引导及监管的作用，加大宣传力度，利用多种宣传途径，不仅要依靠报纸、电视、现场标语等传统媒介，更要充分挖掘和使用微信、微博等移动互联网宣传媒介，加强对分布式光伏发电等可再生能源及惠民政策、投资项目的相关宣传，普及相关知识与效益等，让社会充分了解分布式光伏发电，积极引导民众对分布式光伏发电的投资决策。

（2）电网公司主体。我国的电网公司承担了分布式光伏发电等可再生能源发电项目从并网申请到电量补贴及上网收益的诸多环节的相关工作，在我国分布式可再生能源发展中扮演着重要角色。电网公司尤其是基层电网公司，应该承担并加强针对分布式光伏发电等可再生能源的社会宣传工作。与政府的相关宣传有所不同，电网公司的相关宣传应该结合其承担的具体的分布式光伏发电相关工作及用户而展开；应该就分布式光伏发电项目的申请、审批、备案、设计、建设、运维及各种补贴政策及项目收益等更多地进行宣传和讲解；同时选择确定好宣传内容，制作相关宣传材料，免费发放或自取；利用微信、微博等多种宣传路径，让更多人员自行了解分布式光伏发电的相关信息。

（3）相关企业主体。不同于政府和电网公司，分布式光伏发电项目及用户是光伏发电系统的集成商、经销商、能源服务企业等主体生存、发展的基本市场源泉，所以除了向市场和用户提供优质的光伏发电系统产品及服务外，更应持续加强相关的宣传和广告工作，让社会、市场广泛深入了解分布式光伏发电项目的经济性与重要性。因此，相关企业主体还应明确自身定位，制定系统、可行的分布式光伏发电市场的营销推广战略与实施计划，并配以多种宣传推广路径与渠道（如线上、线下及两种相结合的营销模式），争取更多的用户客户。

第 8 章　未来能源的发展方向——智慧能源

8.1　智慧能源政策环境分析

8.1.1　智慧能源政策的内涵

《国务院关于积极推进“互联网 +”行动的指导意见》（国发〔2015〕40 号）明确指出：通过互联网信息手段加速能源行扁平化发展，引导能源生产与能源消费模式的革命，提高能源利用率，推动节能减排；加强分布式能源网络建设，提高可再生能源的占比，改善能源利用结构；加速发电、用电设施与输配电网的智能化改造，保证电力系统安全、稳定、可靠。其可概括为“源—网—荷”三方面。

8.1.1.1　电源上推动能源生产智能化

利用信息化实现多能源协同发电，实现传统能源与可再生能源高效互补协同发电。建立各种能源生产计划、监测、调度的公共信息服务网络，实现可再生能源高度调峰，传统化石能源深度梯级利用，减少火电备用容量，减少可再生能源弃风弃光率，全面提高能源利用效率。加快实现能源生产企业采用大数据的手段对电力设备状态、电力负荷生产进行数据挖掘，推进实现高精准调度、故障预测诊断，提高能源生产的安全可靠率。

8.1.1.2　电网上加快分布式能源网络建设

构建以可再生能源为主的多能互补协同能源互联网。加快输配电、分布式发电上网、储能、智能配电网等关键技术突破。建设高度灵活地柔性输配电网络，提高分布式能源接纳比例，构建具备灵活互动用能和分布式能源交易的综合能源互联网。加快多能源接入转化设备协同建设，鼓励各能源接入设备统一模块化生产，实现“即插即用，双向传输”，全面大幅提升电网对分布式能源的多元化负荷的接纳能力，保证电力传输转化的安全可靠。但是分布式网络和传统大电网的权利、责任、利益需要明确，基础配套设施的投资权利也必须得到明确。

8.1.1.3　负荷上引导能源消费新模式

加速以智能终端与绿色电力灵活交易为主体的智慧城市建设进程。一方面，加强电力需求侧管理，促进消费模式智能化，鼓励电力需求侧与分布式能源、储能资源局部自主市场交易，实现能源生产、消费一体化。以互联网为依托平台，构建用户自助提供响应能源调峰调频的服务，并建立完善的灵活能源补偿定价机制，保障用户能源投资的合理回报率。通过构建储能云平台，对储能设备进行管理和运行，实现能源自由灵活交易。通过互联网平台开展电动汽车智能充放电，开发新能源 + 电动汽车的运营新模式。建设互联网支持下的绿色能源灵活市场交易平台，以实现绿色能源与用户直接交易的生产、交易、消费新业态，并且通过互联网平台基础实现可再生能源实时补贴机制。

分布式光伏发电项目在智慧能源背景下的发展任务包括以下三个方面：

（1）提升分布式光伏发电技术创新，突破晶硅电池和光伏关键设备技术瓶颈，提高光伏转换效率，进一步降低发电成本；大力发展光伏集成应用技术，推动先进高转换效率低材料成本的光伏产业化发展。

（2）统筹东西电力市场，完善输电网络建设，有序开发西部光伏热电，加大中东部分布式光伏发电建设，综合利用多种形式的太阳能。

（3）全面启动并进一步加快“光伏领跑者计划”，形成并提升光伏发电系统集成与配套综合能力，更进一步加快技术创新和降低成本，在世界光伏产业中占据领先位置。

8.1.2　智慧能源发展路径研究

现阶段智慧能源的相关模式以及技术还处于探索阶段。为了成功开展智慧能源互联网的建设，计划将示范点工程的成功经验推广并加以应用，实现“互联网 + 智慧能源”模式的大范围、大规模有效实施。

2019—2025 年这 7 年着重推动智慧能源互联网的规模化、多元化建设发展。

目标：初步建成智慧能源互联网先进产业体系，为社会经济发展提供重要驱动和保障。

主要工作任务分为以下四个方面：①建成完备的技术标准及规范，在国际上对能源互联网技术的发展产生引领；②建立和完善智慧能源互联网的市场交易机制体系，完善互联网创新交易模式；③建成开放互享的能源互联网络，实现可再生能源比重的大幅增加，能源利用率显著提升，取得化石能源清洁高效利用成果；④全面提高电力用户侧参与程度，全面推动和支撑能源生产和能源革命的开展实施。

实现智慧能源的两阶段发展，关键在于传统光伏企业与大数据通信公司互相渗透：以政策为依托，一方面传统能源企业和互联网企业进行各种模式的战略合作；另一方面传统能源企业自身向互联网企业转变，互联网企业也向能源企业转变，形成互相渗透的格局，在可再生能源领域，光伏行业结合互联网的速度最快。

8.2 智慧能源对电力需求侧供给侧改革的要求

8.2.1 电力需求侧供给侧改革主要参与方分析

构建“互联网 +”智慧能源的环境是各能源供给侧与需求侧共同发力、多方参与、协同发展构建的过程。为了理解智慧能源环境下，电力需求测和供给侧主要参与方的行为措施，有必要对各个参与方的责任、义务、利益充分理解与详细分析。

主导者——政府，是社会利益的维护者，是改革计划的制订者。政府通过采取价格补贴、税收优惠、利率调整等政策来推动电力产业市场化改革，实现可再生能源发电全额保障性收购，保持供需平衡；推进建立竞争性电力市场进程，逐渐降低可再生能源电价补贴优惠，实现可再生能源发电平价上网。

参与主体——发电企业，是改革计划的主要参与实施主体，代表供给方利益。发电企业在电力供给侧改革中一方面停建缓建煤电产能，淘汰落后产能，严控新增产能规模，对现有产能进行节能改造；另一方面，对电力央企实施重组整合，焕发电行业新态势。

实施主体——电网企业，是改革计划的主要执行者，是供给方利益的主要代表。电网企业掌握着国家电网运行情况和电力营销各个环节，可向政府提出建议、意见等，参与制定相关规章细则等；根据政府政策要求，不断优化电网调度运行，运用智能手段精确预测电力负荷需求，对电力需求侧进行管理。

配合力量——节能服务公司，主要协助政府、电网企业实施改革计划，代表中介利益。节能服务公司为用户提供节能诊断、节能设计、节能设备运维等配套综合服务，与用户共享节能效益，承担衔接电力需求侧管理的相关工作。

重要参与方——电力用户，是响应改革计划的重要参与方，是需求方利益代表。用户对市场价格信号最为敏感，政府与电网企业均可通过调整电力价格实现引导电力需求侧需求变动。对于电力需求，要打破“大工业化”思维，鼓励“分布式”思想理念，培育发展能源新兴需求。

8.2.2　需求侧供给侧改革的智慧能源措施

智慧能源环境下，能源供给侧会展开以下工作：能源计量、能源管理、能源平衡测试、设备能效测试、节能技改。能源计量工作会对分布式光伏发电各个环节的能源数量、质量等参数进行测量。能源管理体系是实施一套完整的规范，来实现能源方针和达到预期能耗目标的系统。项目能源平衡是以分布式能源项目为对象的能源平衡，对项目的能量利用程度以及能量损失大小发生方式进行系统分析。设备能效测试工作可确定分布式光伏项目中设备的能源有效利用效率。通过平衡测试、设备能效测试结果，可以有针对性地采取节能技改的措施。

智慧能源环境下，对于能源需求侧会展开以下工作：用电负荷大数据挖掘、用电移动交易平台构建、需求侧用电需求引导。智慧能源环境下的售电公司除了为需求侧提供用能服务之外，还将积累大量的需求侧用能的数据资料，包括用户用能习惯、电力消耗曲线、能源消耗结构等数据，这些庞大的数据在如今大数据驱动下将被挖掘出宝贵财富。苹果、阿里、谷歌、微软陆续进军能源行业，互联网行业与新能源行业联手是能源互联网时代的前奏，可以预见外来的能源互联网将是一个互联开放的移动数据平台。电力需求侧可通过移动 APP 实时预购、管理用电情况，而电力供给侧可以实时掌握用电情况并且提高预测用电负荷的准确性，电网企业针对性地建设电网并科学调度电量，发电企业也能实时调整电能生产情况。移动能源交易平台除了通过调整电力生产计划对需求侧电力需求积极响应之外，还可通过市场价格信号对需求侧的电力需求进行引导，使其符合电力生产计划。通过智慧能源互联网平台，用户可在电力低谷期以低价购电并且储存起来，在用电高峰期高价卖给有需求的用户，可以有效减少电厂备用容量，实现电能的科学合理配置。

据有关机构测算，我国每年的电力供需不平衡造就的市场机会高达 1 万亿元，并且逐年增加。但是从苹果投资中国光伏启示来看，互联网对传统消费行业的改变产生了 BAT（百度、阿里、腾讯），产值同样庞大，能源行业加上互联网造就的智慧能源，会在很大程度改变电力供需平衡结构。

8.3　综合智慧能源的低碳发展路径

8.3.1　综合智慧能源的发展背景

在国家能源革命战略和电力体制改革的推动和引领下，分布式能源、多能联供技术、智能微网技术、信息技术、能源互联网技术迅速发展，综合智慧能源作为具有综合属性和智慧属性的能源新业态悄然兴起。一方面，节能减排的低碳共识及对能源多元化应用的需求催生了庞大的能源市场，资源和环境问题、能源结构矛盾问题已成为全球关注焦点。清洁发展、绿色低碳成为能源转型的发展方向，催生了接近用户侧，以用户为中心的多元化能源需求，产生了巨大的市场潜力。另一方面，清洁能源发电技术、储能技术、氢能技术、冷热电联供技术等能源相关产业链不断发展，为不同能源品种之间的生产、转化、运输、使用提供了可能。信息技术、互联网技术、人工智能的发展使得能源之间互联、信息之间融合，为综合智慧能源的发展提供了有力保障。

我国已经处于能源结构转型的关键时期，接近用户侧、以用户为中心，就近生产与消纳的综合智慧能源将成为能源改革发展的重要发展方向和切入点，其能够有效地提高能效、降低碳排放量、促进清洁能源消纳、降低用能成本，有利于推动能源供给侧结构性改革，提高能源领域相关产业的竞争力。

8.3.2　综合智慧能源的内涵

综合智慧能源为满足终端客户多元化的能源需求，以电为核心，在充分调研和评估当地资源和用户负载特性的基础上，综合考虑能源生产、传输、存储、消费各个环节，利用大数据、云计算、物联网、移动互联网和人工智能等技术，实现能源供给与消费的有机协调和优化组合。实现横向“电、热、冷、气、水”等能源多品种之间，纵向“源—网—荷—储”能源多供应环节之间的生产协同、配送协同、需求协同以及供给和消费间的互动。综合智慧能源的特点见表 8-1。

表 8–1　综合智慧能源的特点

综合性	“电、热、冷、气、水”等能源多品种之间横向协同，“源—网—荷—储”能源多供应环节之间的纵向协同
就近性	优先保证能源的就地生产、就地平衡、就地消纳
互动性	实现不同能源主体之间的互动，人人都是能源的生产者、消费者
市场化	建立高度市场化的能源价格机制，还原电力的商品属性，让市场在资源配置中起决定性作用
智能化	充分运用现代化的技术，通过大数据、云计算、人工智能等手段提供灵活便捷的综合能源服务
低碳化	降低能源全产业链的碳排放量，更多地消纳清洁能源

8.3.3　综合智慧能源的服务对象

综合智慧能源的主要服务对象包括区域、园区、大型公共建筑等。在区域方面，根据当地能源资源情况、城市总体规划和用能特点，从顶层设计的角度进行总体规划，以规划为引领，为城镇提供一揽子的能源解决方案；在园区方面，各类园区往往聚集了当地大型工业用户，整体用能可观，通过统一规划能够降低园区用户的能源初始投资和运营成本，根据用户不同的用能需求，提供定制化能源方案。大型公共建筑包括商场、酒店、医院、学校、交通枢纽、数据中心等，其在能源消耗和能源服务上都有巨大的需求。

因此，对能源消费量大、能源消费要求高的用户，需要优化布局，实施能源品种之间的多能互补、梯级利用。

8.3.4　综合智慧能源的商业模式

商业模式是综合智慧能源项目成功落地的关键要素，科学、合理的商业模式是项目业主投资的基本前提，也是项目产品和服务价值实现的保障。选择商业模式，应体现以下基本原则：一是有利于为当地提供科学、高效的能源供应服务，二是为用户提供一体化的能源使用体验，三是有利于公平开放；四是项目业主有合理的投资回报。

在电力市场开发后，未来，电力、能源企业及电网企业不仅能提供发、输、配、售电服务，还将在全方位综合智慧能源领域提供服务。其商业模式包括配（售）电模式、互联网售电服务模式、发电与售电合作模式、虚拟电厂服务模式、综合智慧能源服务模式、配售一体化模式、能效与信息服务模式、市场交易与金融服务模式等。综合智慧能源主要的服务内容见表 8-2。

表 8-2　综合智慧能源主要的服务内容

服务模式	服务内容
能源供应	供冷、热、电、水、气等传统生产服务以及供氢等新型能源
能源服务	能源站建设、运营、管理、维护以及能源增值服务等综合服务
虚拟电厂	储能调峰，需求侧响应
合同能源管理	面向市场的节能新机制，向企业提供专业、优质的节能服务
能源托管	为企业提供投资、技术、管理、培训、考核等服务，为客户提供节能服务
技术服务	能效管理、节能改造、设备维护
平台 + 服务	购售电竞价、售电（热）营销、负荷预测
交易服务	碳资产咨询、绿色电力证书管理、绿色能源认证等
金融服务	融资、设备租赁、期货

8.3.5　综合智慧能源的低碳发展路径

综合智慧能源涉及能源品种多样、应用场景广泛，具体包括分布式可再生能源、清洁能源综合利用、区域多能联供、分布式生物质发电供热、配（售）电业务、能源互联网以及相关的综合能源服务等。

（1）分布式可再生能源。加强太阳能、水能、风能等可再生能源的利用，结合氢能、储能等新的能源利用形式，遵循清洁能源因地制宜、清洁高效、就近消纳的原则，替代和减少化石能源消费。在供能端提高能源利用效率，减少弃风、弃光。

（2）清洁能源综合利用。充分利用清洁能源建设水能、风电、光热、热泵、储能（冷、热电）等互补的综合能源利用项目，采用多种形式的能源供应方式，同时考虑能源经济性和用户体验的舒适性，实现能源梯级利用率最大化，促进能源就近生产、就近转换、就近消纳，减少电能在远距离运输中的能量损耗。

（3）区域多能联供。以天然气“冷—热—电”三联供为主，实现能源的梯级利用，使综合能源利用率超过 70%，建设运营电、热、冷、气、水等多功能网络，实现天然气高效利用。同时，由于接近负载中心，通过能源就地消纳，可大大减少能源损耗，节约电网及管网投资建设费用和运维成本。

（4）分布式生物质发电供热。以农林废弃物、粪便、动物废弃物、污水处理生物质气等作为燃料进行发电，或通过热电联产进行供热，同时产生电力和有用的热量，能够降低温室气体排放和其他污染物的产生，节约用能成本；在减少废弃物的同时促进当地经济建设，减少对化石能源的需求，降低碳排放水平。

（5）配（售）电业务。电力源网投资主体分离，电网系统利用率不高。电力体制改革鼓励以混合所有制方式发展配电业务，向符合条件的市场主体放开增量配电投资业务。

（6）能源互联网以及相关的综合能源服务。通过互联网技术和能源的融合，将能源设备和系统终端通过互联网连接起来，建设综合智慧能源控制平台，对能源生产、传输、交易、消费各环节数据进行实时采集、监控和利用，促进能源行业全价值链的数据、信息交互和协作，实现能源利用更高效、生产运营更智能、消费服务更多元，为客户提供智能调控、需求响应、价格预测、能源数据挖掘等多种服务，促进能源领域信息共享与交融，构建有竞争力的综合智慧能源生态圈。

根据国际能源署（IEA）公布的数据，全球电力（含热力）行业碳排放总量占比全球总排放量高 40%。因此，电力行业的低碳转型是实现全球碳减排目标的关键环节。2019 年年底，我国火电装机容量占比为 59.2%，火电发电量占总用电量的 68.9%，综合智慧能源新业态的兴起，将使以电力为核心的能源系统在能量输送环节和终端用能环节的脱碳减排任务中发挥更大的作用。

8.4　“互联网 + ”智慧能源的发展

8.4.1　“互联网 +”智慧能源的概念

“互联网 +”智慧能源的发展既有深刻的时代背景又有不断的理论探索，这首先表现在相关概念的研究上。理解“互联网 +”和“互联网 +”智慧能源的概念及内涵是推动其发展的基础和前提。

8.4.1.1 “互联网 +”的深刻内涵

我国经济发展进入新常态，经济增长的驱动力也在发生深刻变革。实施“互联网+”行动计划是促进经济发展新优势和新动力的重要举措。那么，“互联网+”的内涵是各行各业、各方面专家研究探讨的问题。腾讯 CEO、互联网方面的领军人物马化腾认为，“互联网 +”是指利用互联网平台、信息通信技术把互联网和包括传统行业在内的各行各业结合起来，从而在新领域创造一种新生态。《阿里研究院“互联网 +”研究报告》中指出：“‘互联网 +’的本质是传统产业在线化、数据化。”有专业机构认为，“互联网 +”就是以互联网为主的一整套信息技术在经济、社会生活各部门的扩散、应用过程。综合各方面专家和机构的观点，我们认为，“互联网 +”就是充分发挥互联网在社会资源配置中的优化和集成作用，将互联网的创新成果融于经济社会各领域，提升全社会的创新力，形成更广泛的以互联网为实现工具的经济发展新形态。简单地说，“互联网 +”就是“互联网 + 各个传统行业”，但这并不是简单的两者相加，它主要是指利用信息通信技术和互联网平台，让互联网和传统行业进行全方位、全系统的深度融合，是互联网发展的新形态、新业态，是知识社会创新推动下的互联网形态演进及其催生的经济社会发展新形态，是互联网思维的进一步实践成果，代表了一种先进的生产力，推动着经济形态不断发生演变。

目前，“互联网 +”已经改变及影响了多个行业。“传统集市 + 互联网”有了淘宝，“传统百货卖场 + 互联网”有了京东，“传统银行 + 互联网”有了支付宝，“传统的红娘 + 互联网”有了世纪佳缘，“传统交通 + 互联网”有了滴滴出行。以前，互联网是互联网，传统行业是传统行业，二者联系不紧密；现在，传统行业需要利用互联网带动其进一步深入发展，互联网也需要传统行业的加入。互联网已然成为传统行业升级换代的引擎，是后发企业颠覆行业先进的利器。

8.4.1.2 “互联网 +”智慧能源的概念

目前，我国能源行业改革进入深水期，行业调整结构迫切需求转型升级的关口，能源企业纷纷希望借助“互联网 +”实现改革、开拓、创新的发展新局面。“互联网 +”智慧能源是实现行业转型升级、创新发展的重要途径。“互联网 +”智慧能源，是指以电力系统为核心纽带，构建多类型能源互联网络，即利用互联网思维与技术改造传统能源行业，实现横向多源互补，纵向“源—网—荷—储”协调，能源与信息高度融合的新型能源体系。其中，“源”是指煤炭、石油、天然气、太阳能、风能、地热能等一次能源和电力、汽油等二次能源；“网”

是指涵盖天然气和石油管道网、电力网络等的能源传输网络；“荷”和“储”是指代表各种能源需求和存储的设施。实施“源—网—荷—储”的协调互动，能够最大限度地实现消纳，利用可再生能源，实现整个能源网络的“清洁替代”与“电能替代”，推动整个能源产业的变革与发展。“互联网 +”智慧能源将使能源生产“终端”变得更多元化、小型化和智能化，交易主体数量更为庞大，竞争更为充分和透明。通过分布式能源和能源信息通信技术的飞跃进步，特别是交易市场平台的搭建，最终形成庞大的能源市场，能源流如信息流一样顺畅自由配置。

“互联网 +”智慧能源将经历能源本身互联、信息互联网与能源行业相互促进，以及能源与信息深度融合三个阶段。首先，能源本身的互联阶段，以电力系统为核心枢纽的多种能源物理互联网络实现了横向多源互补。其次，信息互联网与能源行业相互促进阶段，信息指导能量，能量提升价值。一方面，互联网催生了能源领域新的商业模式；另一方面，信息的高效流动使分散决策的帕累托最优替代了集中决策的整体优化，实现了资源配置更加优化。最后，能源与信息深度融合阶段，能源生产和消费达到高度定制化、自动化、智能化，形成一体化的全新能源产业形态。

8.4.1.3　能源互联网与“互联网 +”智慧能源的区别

“能源互联网”的概念是杰里米·里夫金在其著作《第三次工业革命》中首先提出来的。他认为，第三次工业革命最重要的标志就是能源互联网的建立。能源互联网就是通过先进的电力电子技术、信息技术和智能能量管理技术，将大量的微电网互联互通起来，最大限度地实现能量和信息的流动和互通的能量对等交换与共享网络。能源互联网不是信息的互联，而是能源的互联。它的拓扑结构有些像信息互联网。目前，骨干电网相当于信息互联网的干线或网络总线，而每个微电网相当于一个局域网。这种模式可以是电网，也可以是智能天然气管网、智能热网、智能冷网。这些提供天然气分布式能源的系统将气、电、热、冷相互关联，构成一个立体化的能源互联网。但它不是简单的信息互联网 + 现有的能源体系。“互联网 +”能源是用互联网已经形成的成功管理模式，逆向整合传统能源企业，通过互联网思维和创新，重新塑造传统能源行业。“互联网 +”能源首先能源行业需要“+”互联网思维，再 + 创新，形成“互联网 + 互联网思维 + 创新 + 传统能源行业”。由此我们可以理解，能源互联网是“互联网 +”能源的重要组成部分。

8.4.2 “互联网 + ”智慧能源是未来能源发展方向

“互联网 +”是互联网与传统行业融合发展的新业态，互联网与诸多行业的融合将有效提升实体经济的创新能力，逐步成为我国经济增长、结构优化的新动力。能源是国民经济的基础性产业，是经济社会发展的命脉，事关国家经济社会发展全局。在能源行业改革进入深水期时，在行业调整结构迫切需要转型升级的关口，能源行业迎来了一次机遇。“互联网 + 智慧能源”既是能源技术革新，也是一次能源生产、消费和政策体制变革，是推动能源生产和消费革命的强劲引擎，更是对人类社会生活方式的一次根本性革命。“互联网 +”为传统能源转型发展提供了技术支撑，从能源生产到消费的各个环节进行了大的变革，顺应能源发展的趋势。

8.4.2.1 “互联网 + ”智慧能源能有效解决我国面临着严峻的能源与环境问题

我国的能源结构不尽合理，目前，煤炭占一次能源消费比重高达 60% 以上。这导致我国经济社会发展与能源消费和环境之间的矛盾日益突出。互联网与传统能源的深入融合，既可提高可再生能源的入网比例，实现能源供给方式的多元化，促进能源结构优化，也可以实现能源资源按需流动，促进资源节约、高效利用，实现降低能源消耗总量，减少污染排放。也就是说，互联网和能源的高度融合，能够最大程度提高能源资源利用效率，降低经济发展对传统化石能源资源的依赖程度，根本上改变我国的能源生产和消费模式，有效解决我国当前能源消费和环境与经济发展之间的矛盾。

8.4.2.2 “互联网 + ”智慧能源能推动我国能源行业体制的变革

我国正处在能源产业结构调整以及体制改革的关键时期。“互联网 +”智慧能源作为一次能源技术革命，互联共享将会从根本上改变我国的经济产业布局和能源生产消费模式，其高度开放的特性也会推动我国能源行业体制的变革，提高我国能源行业的整体开放程度。“互联网 +”智慧能源是多类型用能网络的多层耦合，电力作为重要的二次能源，是实现各能源网络有机互联的链接枢纽，电力互联是实现能源互联的重要途径。“互联网 + 智慧能源”的建设将会最大限度地推动当前我国电力工业体制改革进程，加速相关政策措施的完善以及智能电网等技术手段的研发速度，从而促进我国新型电力工业体系的建设完善。

8.4.2.3 “互联网 +”智慧能源能够推动区域间电力资源的协调互补和优化配置

未来能源互联网是分布式和集中式相结合的、高度开放的能源系统。面对我国能源生产与消费逆向分布的格局，未来我国能源互联网的电力网络结构应该是大电网与微电网相结合的布局形式，各个区域各种形式可再生能源都能够通过能源互联网柔性接入，从而进一步推动区域间电力资源的协调互补和优化配置。互联网对电网跨区的输送能力、经济输送距离、网架结构等提出了更高的要求，对电力输送网络的合理布局是实现跨区域能源互联的重要保障。另外，依托互联网，分布式电源与微电网也是优化电力资源配置的重要手段。微电网凭借其灵活的运行方式、能量梯级利用、提供可定制电源等特性，能够协调控制分布式电源、储能与需求侧资源，从而满足分布式可再生能源的并网需求。

8.4.2.4 “互联网 +”智慧能源是保证我国能源安全的需要

随着我国经济社会的发展以及传统化石能源的日益枯竭，我国能源依赖进口的比重越来越大，在周边政治环境不稳定的情况下，我国的能源安全问题无法得到保障。互联网和能源的深度融合是从根本上保证能源安全的有效途径之一。首先，互联网可将能源密度较低的可再生能源就近配置，降低我国对国外能源资源的依赖程度；其次，互联网具有更大范围的能源资源调控和整合能力，可大大提高能源资源供给的灵活性和弹性，有效避免能源系统受到大的冲击；最后，利用互联网信息沟通的即时性特征，政府既可以通过能源数据分析研究的结果与公众在能源安全状况等方面做到公开透明的沟通和交流，降低能源安全对经济社会的不稳定影响，又可利用互联网和大数据的结果，对危及国家能源安全的各方面因素进行识别，从而提高我国能源安全管理和预警水平。

8.4.3 大力推动“互联网 +”智慧能源的发展

2015 年 6 月 24 日，《国务院关于积极推进“互联网 +”行动的指导意见》发布，明确了推进“互联网 +”，促进创业创新、协同制造、现代农业、智慧能源、普惠金融、公共服务、高效物流、电子商务、便捷交通、绿色生态、人工智能等若干能形成新产业模式的重点领域的发展目标、任务。对于国家经济发展的传统支柱能源行业，《国务院关于积极推进“互联网 +”行动的指导意见》也提出了明确的具体要求，提出推进能源生产智能化、建设分布式能源网络、探索能源消费新模式、发展基于电网的通信设施和新型业务。有专家将“互联网 + 智慧能源”行动的重点任务概括如下：打造能源生产新手段，建设分布式能源新网络，探索能源消费新模式，统筹部署电网和通信网深度融合的新基础设施。能源发展方向已经明确，能源行业应怎样将互联网的优势更好地运用到能源产业中来，赋予能源新的数字化属性和互联网思维，达到提高效率、节能减排、能源生产和消费革命化、智能化转型升级目标，成为能源行业目前必须认真研究解决的问题。目前，我国在推进“互联网+”智慧能源的过程中面临很多问题，如互联网思维没有树立、互联网基础设施有待提高、政府监管制度和手段落后等。“互联网+”智慧能源是一项复杂的系统工程，面对可能出现的问题，我们应该从以下几个方面解决：

（1）树立适应“互联网+”智慧能源的观念。“互联网+”时代，能源产业要通过互联网思维完成对自身的改造。目前我国能源产业“互联网+”还处在开展电子商务平台阶段。“互联网+”意味着融合、改造和提升，能源行业应利用新的互联网技术去改造提升，形成新的发展模式。各级政府和企业要以“互联网+”的思维不断改革创新，使各方面工作更好地适应“互联网+”时代。

（2）统筹规划和顶层设计“互联网+智慧能源”发展模式。结合我国国情以及能源分布特点，明确我国“互联网+”智慧能源发展思路以及整体结构框架。“互联网+”智慧能源是多类型用能网络的多层耦合，电力网络是能源互联的枢纽，而我国的能源分布条件以及电力行业的特点决定了我国的“互联网+”智慧能源模式不能完全照搬欧美国家的理论体系，需要针对我国实际能源分布特点、用能情况以及社会经济条件，建立适合我国的互联网体系。

（3）集中研究解决“互联网+”智慧能源建设中的关键技术问题。尽快开展研究互联网中信息交互技术、智能电网控制和调度技术以及分布式电源协同控制技术等先进关键技术，为“互联网+”智慧能源建设提供更为有力的技术支撑和储备。

①加快智能电网以及主动配电网相关技术的研发工作。智能电网是未来实现“互联网+”智慧能源的重要支撑之一，利用其先进的信息通信、电力电子以及自动控制技术对规模化接入分布式能源的配电网实施主动管理，能够实现对新能源分布式发电与储能装置等单元协调控制和网络快速重构，从而达到积极消纳可再生能源并确保网络安全经济运行的效果。②加快云计算在能源领域中的应用与发展。大数据是未来互联网发展的重要信息数据支撑，而云计算作为计算资源的底层，支撑着上层的大数据处理，凭借其存储成本低、安全可靠和处理速度快的特点，将会成为“互联网+”智慧能源中信息数据交互的可靠保障。

（4）建立与“互联网+”智慧能源发展相适应的监管制度。在“互联网+”

背景下，应该制定与市场相适应的监管框架，为“互联网 +”智慧能源的发展创造一种公平、合规的外部环境；要修订与完善现有的监管制度，使其与“互联网 +”智慧能源的要求相适应；要创新监管手段，由以人力监管为主的传统监管方式逐步向以信息化技术和互联网平台为支撑的新型监管手段转变；要建立多层次监管格局，不断拓展党政机关和互联网企业、科研机构、能源行业的参与合作，共同形成多层次的监管格局。

（5）制定与“互联网 +”智慧能源发展相适应的标准和政策。研究解决设备与设备、设备与能源网络、设备与通信网络以及信息与数据间存在的隔离问题，逐步完善互联网中各类型设备、数据接口标准以及信息传输协议，从而保证互联网中能源流与信息流的互联互通，推动“互联网 +”智慧能源的建设与部署。电力体制改革可为“互联网 +”智慧能源的发展提供相应的政策环境。首先，应逐步放开售电市场，鼓励电力双边交易，发展分布式和清洁能源，加强需求侧管理，通过改革尽快与互联网高效利用可再生能源、强调市场机制和商业模式以及以用户用能需求为主要导向的特征相契合。其次，制定“互联网 +”智慧能源企业的优惠政策，政府应加大财政支持力度，给予企业适度倾斜和支持，通过财税优惠、简化审批、政策扶持等手段，鼓励企业开展技术研发，促进产学研转化，积极拓展新兴能源信息服务业态，促进“互联网 +”智慧能源发展。最后，积极扶持国家级和省级“互联网 +”智慧能源重点实验室、工程中心，培养多层次、复合型人才，并配合财政、税收、信贷、科技补贴等经济政策，帮助传统能源企业进行“互联网 +”产业升级。

参考文献

[1] Dan Chiras，Robert Aram，KurtNelson. 太阳能光伏发电系统 [M]. 张春朋，姜齐荣，等 . 北京：机械工业出版社 .2011.

[2] 陈以明，李治 . 智慧能源发展方向及趋势分析 [J]. 动力工程学报，2020，40（10）：852-858+864.

[3] 陈永波，刘建业，陈继军 . 智慧能源物联网应用研究与分析 [J]. 中兴通讯技术，2017，23（1）：37-42.

[4] 丁男菊，朱芳 . 光伏发电系统设计与应用 [M]. 上海：上海交通大学出版社，2018.

[5] 丁霞 . 新能源与可再生能源政策与规划研究 [J]. 现代工业经济和信息化，2020，10（11）：54-56+59.

[6] 国网浙江省电力有限公司嘉兴供电公司 . 分布式光伏发电技术及并网管理 [M]. 北京：中国电力出版社 .2018.

[7] 李安定，吕全亚 . 太阳能光伏发电系统工程 [M]. 北京：化学工业出版社，2016.

[8] 李传统 . 新能源与可再生能源技术 [M]. 南京：东南大学出版社，2005.

[9] 李京京，庄幸 . 我国新能源和可再生能源政策及未来发展趋势分析 [J]. 中国能源，2001（4）：2-6.

[10] 李琼慧，黄碧斌，蒋莉萍 . 国内外分布式电源定义及发展现况对比分析 [J]. 中国能源，2012，34（8）：31-34.

[11] 李全林 . 新能源与可再生能源 [M]. 南京：东南大学出版社，2008.

[12] 廖东进，黄建华 . 光伏发电系统集成与设计 [M]. 北京：化学工业出版社，2013.

[13] 刘继茂，丁永强 . 无师自通 分布式光伏发电系统设计、安装与维护 [M]. 北京：中国电力出版社，2019.

[14] 娄伟 . 新能源与可再生能源城市评价标准研究 [J]. 城市，2016（6）：22-28.

[15] 马宁 . 分布式光伏发电并网实操手册 [M]. 太原：山西人民出版社，2017.

[16] 牛哲文，郭采珊，唐文虎，等．“互联网＋智慧能源”的技术特征与发展路径 [J]. 电力大数据，2019，22（5）：6–10.
[17] 曲云．智慧能源 清洁城市 [M]. 北京：中国水利水电出版社，2015.
[18] 沈洁，丁玮．光伏发电系统设计与施工 [M]. 北京：化学工业出版社，2017.
[19] 孙庆．分布式并网光伏发电系统的协同控制 [D]. 上海：华东理工大学，2015.
[20] 唐莉芸．光伏发电系统在绿色建筑中的应用及其节能研究 [D]. 广州：华南理工大学，2012.
[21] 陶佳，丁腾波，宁康红，等．智慧能源战略框架及全过程实施方案 [J]. 发电技术，2018，39（2）：129–134.
[22] 王成山，武震，李鹏．分布式电能存储技术的应用前景与挑战 [J]. 电力系统自动化，2014，38（16）：1–8+73.
[23] 王芳．分布式光伏发电站的并网控制技术与系统设计 [D]. 石家庄：河北科技大学，2020.
[24] 王立乔，孙孝峰．分布式发电系统中的光伏发电技术 [M]. 北京：机械工业出版社，2010.
[25] 王秀丽，武泽辰，曲翀．光伏发电系统可靠性分析及其置信容量计算 [J]. 中国电机工程学报，2014，34（1）：15–21.
[26] 王忠敏．智慧能源产业创新概述 [J]. 中国高新科技，2019（11）：34–41.
[27] 吴建春．光伏发电系统建设实用技术 [M]. 重庆：重庆大学出版社，2015.
[28] 吴志鹏．分布式光伏发电系统的控制和孤岛故障检测 [D]. 上海：华东理工大学，2014.
[29] 徐会咏．智慧能源管理系统建设方案 [J]. 能源研究与管理，2020（4）：83–87.
[30] 杨成鹏．光伏分布式发电系统并网对农网馈线电压的影响及其保护研究 [D]. 北京：华北电力大学，2015.
[31] 杨贵恒，强生泽，张颖超，等．太阳能光伏发电系统及其应用 [M]. 北京：化学工业出版社，2011.
[32] 易伟．光伏电站设备故障检测与诊断方法研究 [D]. 成都：电子科技大学，2013.
[33] 于民柱．独立直流分布式多光伏发电系统控制技术研究 [D]. 秦皇岛：燕山大学，2015.
[34] 俞学豪，袁海山，叶昀．综合智慧能源系统及其工程应用 [J]. 中国勘察设计，2021（1）：87–91.

[35] 张力菠，张钦，周德群，等．中国分布式光伏发电发展研究 [M]. 北京：科学出版社，2019.

[36] 张铁姿，彭小东，杜敏，等．分布式电源综合补偿机制研究 [J]. 电力需求侧管理，2015，17（4）：13–19.

[37] 赵风云，韩放，齐越，等．综合智慧能源理论与实践 [M]. 北京：中国电力出版社，2020.

[38] 赵昕宇．风光互补发电潜力分析与系统优化设计研究 [D]. 郑州：河南农业大学，2014.

[39] 赵政．我国分布式电源产业挑战分析与应对策略 [J]. 轻工科技，2013，29（11）：60–61.

[40] 智能科技与产业研究课题组主编．智慧能源创新 [M]. 北京：中国科学技术出版社，2016.

[41] 中华人民共和国国家发展计划委员会基础产业发展司．中国新能源与可再生能源 [M]. 北京：中国计划出版社，2000.

[42] 中央党校课题组，曹新．中国新能源发展战略问题研究 [J]. 经济研究参考，2011（52）：2–19+30.

[43] 周园．“互联网 +”建筑智慧能源管控技术与应用 [M]. 北京：中国质检出版社，2017.

[44] 朱宏鹏．西部无电地区光伏发电系统设计及优化研究 [D]. 邯郸：河北工程大学，2014.

[45] 祖妍妍．居民分布式光伏电源并网方案设计及运行分析 [D]. 北京：华北电力大学，2017.